高职高专21世纪规划教材

高等数学

王海萍 ◎ 主编
马树燕 许卫球 ◎ 副主编

人民邮电出版社
北京

图书在版编目（CIP）数据

高等数学 / 王海萍主编. -- 北京 : 人民邮电出版社, 2014.9（2016.8重印）
高职高专21世纪规划教材
ISBN 978-7-115-36088-5

Ⅰ. ①高… Ⅱ. ①王… Ⅲ. ①高等数学－高等职业教育－教材 Ⅳ. ①O13

中国版本图书馆CIP数据核字(2014)第182537号

内容提要

本书注重基本概念、基本理论和基本技能的训练，注重培养学生应用数学知识分析和解决问题的能力。本书共分为5章，第1章为函数与极限的基本概念和运算，第2章为导数与微分的基本运算，第3章为导数的应用，第4章和第5章为积分部分。本书既保持了高等数学理论的系统性与科学性，又避开了一些非数学专业学生不必掌握的复杂计算和证明技巧。针对经济类和管理类专业的需求，增加了经济数学模型及经济应用的实例。

本书的编写在数学内容的深度和广度方面，力求做到易教、易学、易懂。在教材的结构和内容上，遵循教学重点向概念和方法的理解上转变，引导学生由浅入深地掌握基本知识，并将其与实际应用联系起来。

本书可作为高等职业技术学院的高等数学教材。

◆ 主　　编　王海萍
副 主 编　马树燕　许卫球
责任编辑　吴宏伟
执行编辑　汤沛源
责任印制　张佳莹　杨林杰

◆ 人民邮电出版社出版发行　　北京市丰台区成寿寺路11号
邮编　100164　　电子邮件　315@ptpress.com.cn
网址　http://www.ptpress.com.cn
北京京华虎彩印刷有限公司印刷

◆ 开本：787×1092　1/16
印张：10.5　　　　2014年9月第1版
字数：208千字　　　2016年8月北京第3次印刷

定价：28.00元

读者服务热线：(010)81055256　印装质量热线：(010)81055316
反盗版热线：(010)81055315

高等数学作为高等院校理工科知识基础学科，在我国已经有近百年的教学历史。但是作为高职高专的基础知识学科，在我国仅仅不过十数年。近年来，随着国家经济高速发展，各行各业对高级技能型人才需求的不断扩大，高职高专学校也在发展，但是在职业教育上，虽然国家制定了《高职高专院校理工类专业高等数学课程教学的基本要求》，在高职高专的教学中对高等数学教材的使用上，大部分内容仍旧沿袭过去已经成型的普通理工本科教材。

在昆山登云科技职业学院，经过多年的教学实践，我们深切地感受到此类教材往往因为专注于学科专业的完备性，以及数学逻辑要求的连续性，导致在教材编写中过于追求内容的整体无遗漏，忽略了职业教育的特殊性，由此带来针对高职高专学生的教学中出现选择性差，以及内容过于完备而造成的学生接受力不强，理解能力弱，导致教学效果达不到预期目标。这其中虽然有学生来源不一，基础结构不同的原因。但是，没有一套合适的，贴近我校学生实际情况，尤其是适合我校工学专班教学实际要求的高等数学教材，也同样是不能忽视的重要因素。因此，经过我校公共课部数学教研室教师多年的努力，根据我校开办以来在高等数学教学中遇到的各种问题以及教学实际要求，在认真总结我校教师在高等数学数年教学改革经验的基础上，结合编者的教学实践经验和同类教材发展趋势，编写而成了这套高等数学教材。在教材编写中，编者认真遵循以下原则，即在合理范围内，适当调整课时，精简教材，从本学科特点出发，结合实际要求，本着实用、够用的原则，努力配合“工学专班”教学需求，增加了一些更为基础的内容以适应我校尤其是“工学专班”学生的接受能力与实际水平。从我校学生的实际需求出发，以培养学生的创新能力和解决实际问题能力为目标，对以往教材中的高等数学内容进行了适当的精简，力求突出高职高专教学中学以致用的特点，从而为学生学习专业基础课、专业课提供必需的数学知识与数学方法。全书着重数学应用方法的介绍，淡化理论的推导和证明，取消繁杂的计算，既保证基本知识要点，又满足各专业对数学的基本需要，并为部分同学的后续学习和进一步深造奠定必要的数学基础。

这套教材作为我校教改内容的一个部分，是我院教师的一种新的介入方式的尝试，难免会有不足之处，但是我们相信，这套教材在教学的实践过程中，一定会逐步得到改进和提高，使之更加完善和适用于高职高专的教学。

全书由王海萍任主编并统稿。参与本书编写的教师有王海萍（第 1 章、第 3 章）、马树燕（第 4 章、第 5 章）、许卫球（第 2 章）。大家利用课余时间认真编写，共同研讨，团结合作完成了本书的编写工作。

在编写过程中，得到了学院领导、教务处的有力支持和帮助。董平老师、章合利老师积极参与教材编写的组织、修改工作，为本书提出了许多宝贵意见。在此，对他们表示衷心的感谢。

书中难免存在疏漏之处，敬请读者批评指正。

编者

2014年6月

CONTENTS

目录

第1章　函数、极限和连续

【学习目标】

理解函数的概念、性质及函数的图像，掌握复合函数的分解过程。

了解数列极限与函数极限的相关概念，理解无穷小与无穷大的概念，会求函数的极限。

理解函数连续与间断的概念。

§1.1　函数

1.1.1　函数的概念和性质

一、函数的概念

1. 常量与变量

对各种现象的发展变化过程进行定量的描述时，总要涉及两种基本的量，即常量和变量。在某过程中数值保持不变，取固定值的量称为**常量**；在研究过程中数值发生变化，在一定范围内可能取不同值的量称为**变量**。

注意：常量与变量是相对“过程”而言的。

常量与变量的表示方法：通常用字母 a, b, c 等表示常量，用字母 x, y, z 等表示变量。

2. 函数概念

在研究问题时，为了描述某一变化过程中不同变量之间的依赖关系，给出函数的概念。先来看两个实际的例子。

例1　自由落体运动中，质点下落的距离 s 与下落时间 t 之间的关系由下式确定：

$$s=\frac{1}{2}gt^2,$$

其中 $g\approx 9.8\mathrm{m/s^2}$ 为重力作用下自由落体的加速度。由这个关系式可知，对于任意大于零的 t 值，有唯一的 s 值与之对应。

例2　在几何中，圆的面积 S 由半径 r 唯一确定，它们之间的关系由下式给出：

$$S=\pi r^2。$$

对于每个非负的 r 值，由此关系式都可以得到唯一的面积 S 与之对应。

以上两例虽然背景不同,但它们都表达了两个变量之间相互依赖的关系。这个关系由一个对应法则给出,当其中一个变量在其变化范围内任意取定一个数值时,根据这个对应法则,另一个变量有唯一确定的值与之对应。两个变量之间的这种对应关系就是函数的实质。

定义1 设 x 和 y 是两个变量,D 是一个非空实数集,如果对于每个数 $x \in D$,按照某个法则 f ,总有确定的数值 y 和它对应,则称 y 是 x 的**函数**,记作 $y=f(x)$ 。

数集 D 叫作这个函数的**定义域**。

当 $x_0 \in D$ 时,称 $f(x_0)$ 为函数在 x_0 处的函数值。当自变量 x 在定义域内取每一个数值时,对应的函数值的全体叫作函数的**值域**。

函数的两要素:定义域与对应法则。

约定:定义域是自变量所能取的使算式有意义的一切实数值。

例如,$y=\sqrt{1-x^2}$,D:$[-1,1]$;再如,$y=\dfrac{1}{\sqrt{1-x^2}}$,$D$:$(-1,1)$ 。

二、函数的性质

1. 函数的有界性

设函数 $f(x)$ 在集合 D 上有定义。如果存在常数 $M>0$,使得对任意的 $x \in D$,恒有 $|f(x)| \leqslant M$,则称函数 $f(x)$ 在 D 上**有界**;如果这样的 M 不存在,即对于任意的正数 M ,无论它多大,总存在 $x \in D$,使得 $|f(x)|>M$,则称函数 $f(x)$ 在 D 上**无界**。

如果存在常数 M (或 m),使得对任意的 $x \in D$,恒有 $f(x)<M$ (或 $f(x)>m$),则函数 $f(x)$ 在 D 上有**上界**(或有**下界**)。

显然,在某区间上有界的函数在此区间上也必有上界和下界;反之,若函数在某区间上既有上界也有下界,那么它在此区间上一定是有界的。而无界函数可能是只有上界而没有下界,或者只有下界而没有上界,或者既没有上界也没有下界。

例如,函数 $y=\sin x$ 在其定义域 $\mathbf{R}$ 上是有界的,这是因为对任意的 $x \in \mathbf{R}$,恒有 $|\sin x| \leqslant 1$。而函数 $y=\dfrac{1}{x}$ 在其定义域 $(-\infty,0) \cup (0,+\infty)$ 上无界,但是如果我们的研究范围是区间$[1,2]$,显然对任意的 $x \in [1,2]$,恒有 $\left|\dfrac{1}{x}\right| \leqslant 1$,这就是说 $y=\dfrac{1}{x}$ 在$[1,2]$上是有界的。由此可见,一个函数是否有界,与我们所讨论的区间有关。

2. 函数的单调性

设函数 $f(x)$ 的定义域为 D ,区间 $I \subset D$ 。如果对于区间 I 上任意两点 x_1 和 x_2,当 $x_1<x_2$ 时,恒有 $f(x_1)<f(x_2)$ (见图 1-1),则称函数 $f(x)$ 在区间 I 上是单调增加的;如果对于区间 I 上任意两点 x_1 和 x_2,当 $x_1<x_2$ 时,恒有 $f(x_1)>f(x_2)$ (见图 1-2),则称函数

$f(x)$ 在区间 I 上是单调减少的。单调增加的函数和单调减少的函数统称**单调函数**，使函数单调的区间称为函数的**单调区间**。

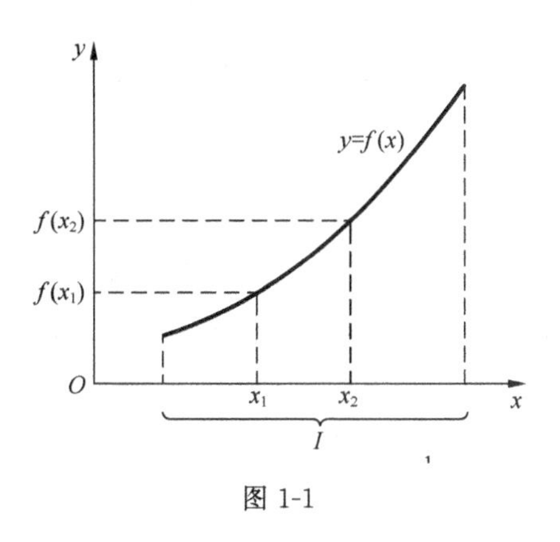

图 1-1

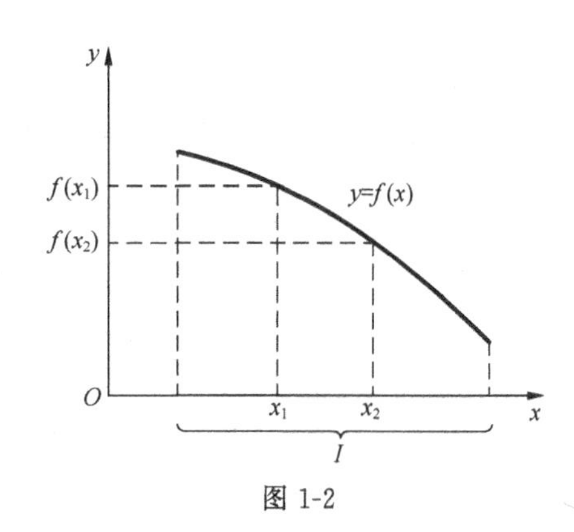

图 1-2

函数的单调性不仅和函数表达式有关，也和定义区间有关。一般地，如果函数在整个定义域内不单调，我们可以将定义域分成多个子区间，使函数在各个子区间内单调。例如，函数 $y=x^2$ 在整个定义域 $(-\infty,+\infty)$ 内不是单调的，但是在定义域的子区间 $(-\infty,0)$ 上单调减少，在 $(0,+\infty)$ 上单调增加。

3. 函数的奇偶性

设函数 $f(x)$的定义域为 D，其中 D 关于原点对称，即当 $x\in D$ 时，有$-x\in D$。如果对于任一 $x\in D$，恒有 $f(-x)=f(x)$成立，则称 $f(x)$为**偶函数**。如果对于任一 $x\in D$，恒有 $f(-x)=-f(x)$ 成立，则称 $f(x)$ 为**奇函数**。例如函数 $y=x^2$ 与 $y=x\sin x$ 都是$(-\infty,+\infty)$上的偶函数，函数 $y=x^3+x$ 是$(-\infty,+\infty)$上的奇函数，函数 $y=\frac{1}{x}$ 是$(-\infty,0)\cup(0,+\infty)$上的奇函数，而函数 $y=x^2+x$ 是非奇非偶的函数。

由定义可知，奇函数的图像关于原点对称，如图 1-3 所示；偶函数的图像关于 y 轴对称，如图 1-4 所示。

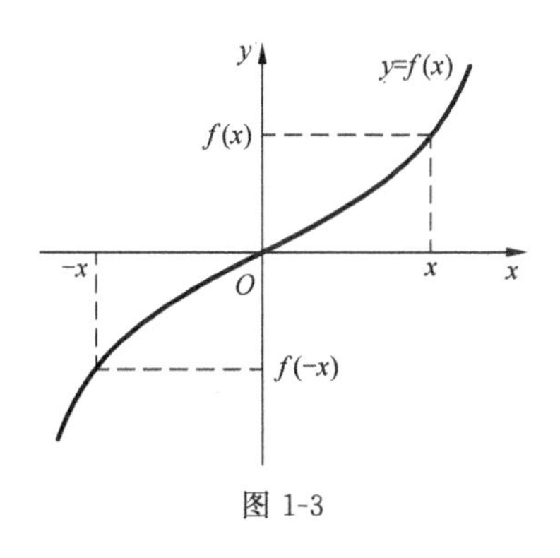

图 1-3

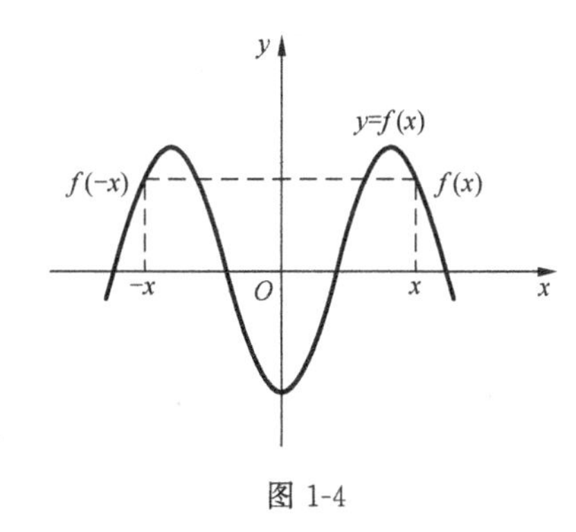

图 1-4

4. 函数的周期性

设函数 $f(x)$ 的定义域为 D，如果存在一个正数 l，使得对于任一 $x\in D$，均有 $(x\pm l)\in D$，且有恒等式

$$f(x+l)=f(x)$$

成立，则称 $f(x)$ 为周期函数，l 称为函数 $f(x)$ 的周期。

通常说周期函数的周期是指其**最小正周期**。

例如，函数 $y=\sin x$，$y=\cos x$ 都是周期为 2π 的周期函数，而 $y=\tan x$ 是以 π 为周期的周期函数。周期函数的图像在每个长度为一个周期的区间上，都有相同的形状，自然也有相同的单调性等特性，如图 1-5 所示。

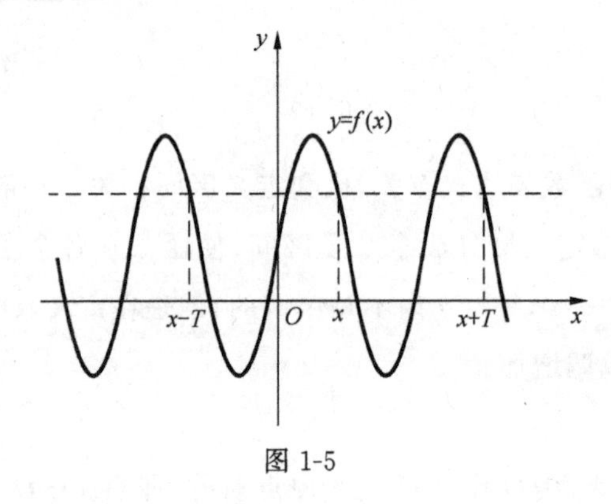

图 1-5

1.1.2 初等函数

本书主要研究初等函数，而初等函数是由基本初等函数组成的。

一、基本初等函数及其图形

我们把中学里学过的常数函数、幂函数、指数函数、对数函数、三角函数、反三角函数这六类函数统称为基本初等函数。下面我们简单给出常用的基本初等函数的表示式及其图形、特征。

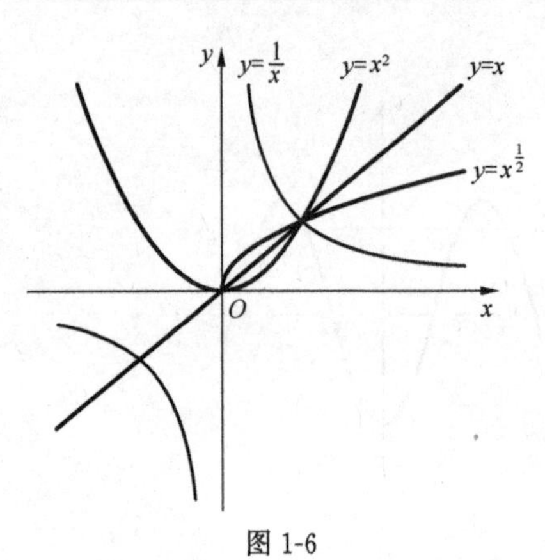

图 1-6

1. 幂函数 $y=x^{\mu}$（μ 是常数）

幂函数 $y=x^{\mu}$ 的定义域和值域依 μ 的取值不同而不同，但是无论 μ 取何值，幂函数在 $(0,+\infty)$ 内总有定义，而且图形都经过点 $(1,1)$，如图 1-6 所示。

2. 指数函数 $y=a^x(a>0,a\neq 1)$

指数函数 $y=a^x$（a 是常数）的定义域为 $(-\infty,+\infty)$，值域为 $(0,+\infty)$，图像都经过点 $(0,1)$，如图 1-7 所示。

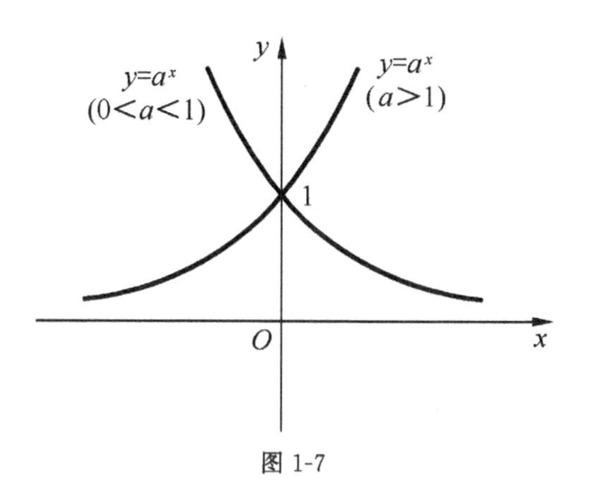

图 1-7

常用的指数函数是 $y=e^x(e\approx 2.7182818)$。

3. 对数函数 $y=\log_a x(a>0,a\neq 1)$

对数函数 $y=\log_a x$（a 是常数)的定义域为 $(0,+\infty)$，值域为 $(-\infty,+\infty)$，其图像始终在 y 轴右侧。当 $a>1$ 时，图像严格单调递增；当 $0<a<1$ 时，图像严格单调递减。对数函数图像都经过点 $(1,0)$，如图 1-8 所示。

对数函数和指数函数互为反函数，它们的图像关于直线 $y=x$ 对称。

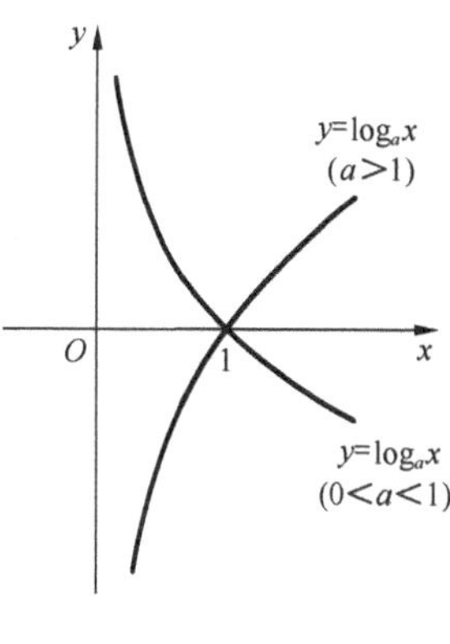

图 1-8

常用的特殊对数函数有常用对数 $y=\lg x$（以 $a=10$ 为底数）及自然对数 $y=\ln x$（以 $a=e\approx 2.718\cdots$ 为底数)，显然有 $\ln e=1$。

4. 三角函数

正弦函数 $y=\sin x$，余弦函数 $y=\cos x$，正切函数 $y=\tan x$，余切函数 $y=\cot x$，正割函数 $y=\sec x=\dfrac{1}{\cos x}$，余割函数 $y=\csc x=\dfrac{1}{\sin x}$ 这六个函数统称为三角函数，其图像如图 1-9 所示。

常用的三角函数公式：

(1) $\sin^2 x+\cos^2 x=1$；

(2) $\sin 2x=2\sin x\cos x$；

(3) $\cos 2x=\cos^2 x-\sin^2 x=1-2\sin^2 x=2\cos^2 x-1$；

(4) $\cos^2 x=\dfrac{1+\cos 2x}{2}$，$\sin^2 x=\dfrac{1-\cos 2x}{2}$；

(5) $\sec^2 x=1+\tan^2 x$，$\csc^2 x=1+\cot^2 x$。

5. 反三角函数

三角函数的反函数称为反三角函数。分别表示为

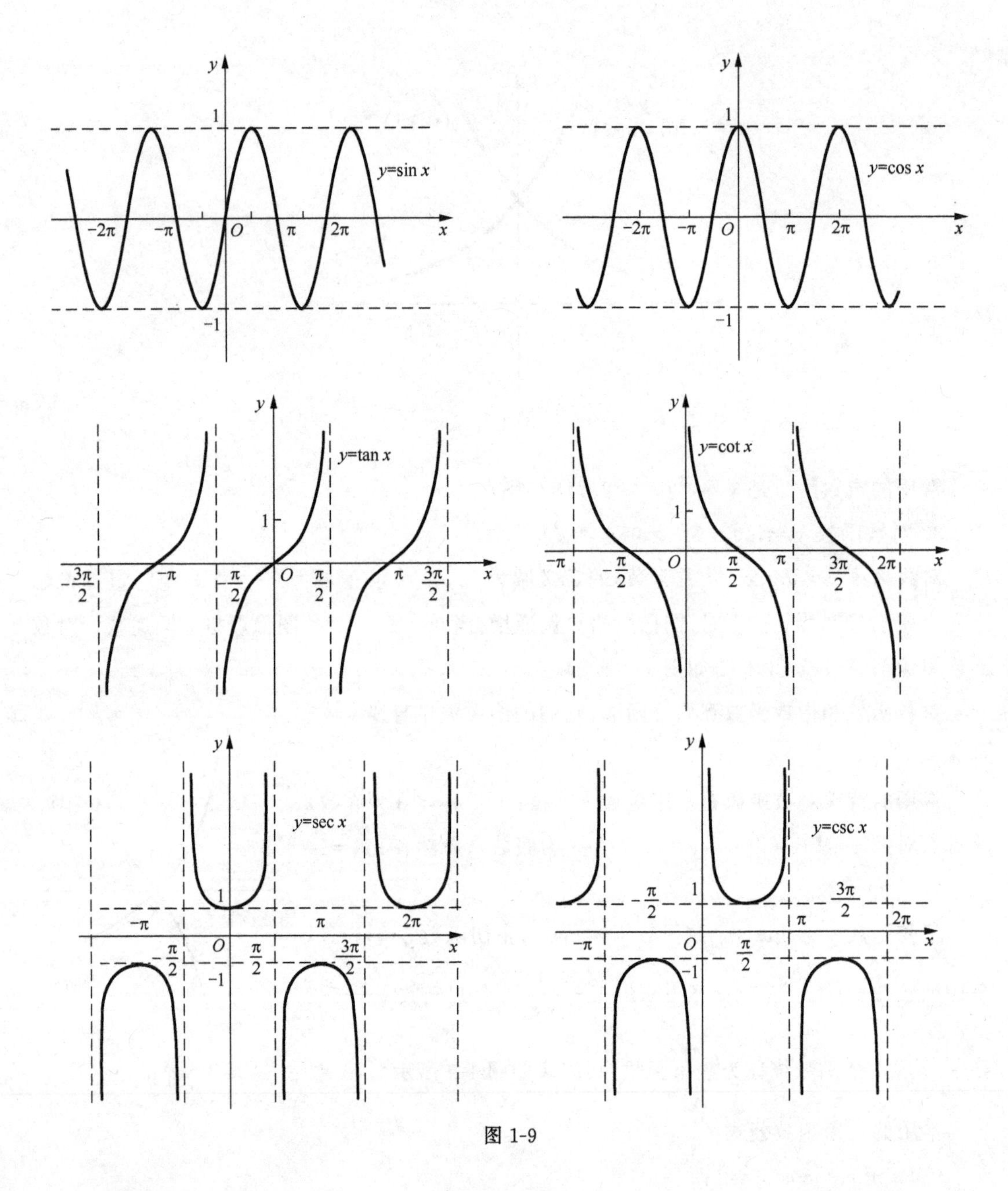

图 1-9

反正弦函数 $y=\arcsin x$，　　　反余弦函数 $y=\arccos x$，

反正切函数 $y=\arctan x$，　　　反余切函数 $y=\text{arccot}\, x$，

它们的图像如图 1-10 所示。

以上就是常用的几种基本初等函数。

二、复合函数

定义 2　设 $y=f(u)$，而 $u=\varphi(x)$，且函数 $\varphi(x)$ 的值域包含在函数 $f(u)$ 的定义域内，那么变量 y 通过变量 u 成为 x 的函数，我们称 y 为由 $y=f(u)$ 及 $u=\varphi(x)$ 复合而成的关于

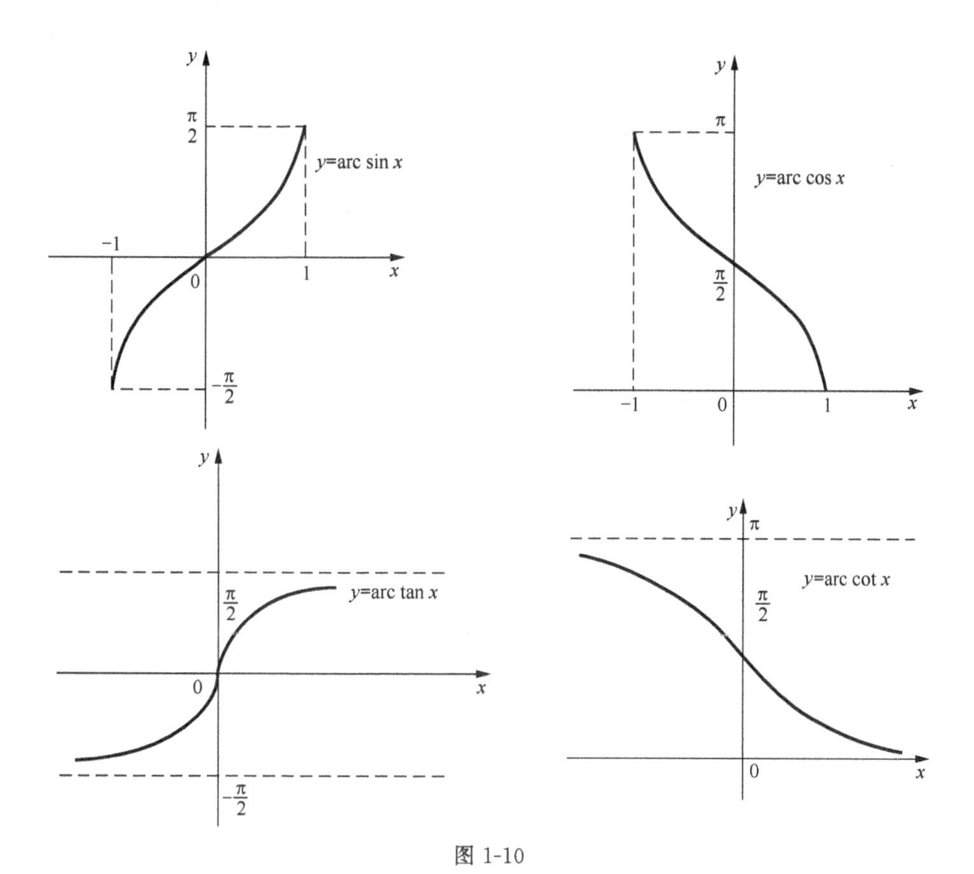

图 1-10

x 的**复合函数**,记作 $y=f[\varphi(x)]$,其中 x 是自变量,u 称为**中间变量**。

复合函数也可以由两个以上的基本初等函数经过复合构成,从而可以有多个中间变量。

若 $y=f(u)$,$u=\varphi(v)$,$v=\psi(x)$ 可以复合,则复合函数为 $y=f\{\varphi[\psi(x)]\}$,其中 u 、v 为中间变量。

例如,$y=\sin 2x$ 就是 $y=\sin u$ 和 $u=2x$ 复合而成;

$y=\cos(x^2)$ 就是 $y=\cos u$ 和 $u=x^2$ 复合而成。

由 $y=\sqrt{u}$,$u=\cos v$,$v=\dfrac{x}{2}$ 可以复合成复合函数 $y=\sqrt{\cos\dfrac{x}{2}}$ 。但是不是任何两个函数都可以复合成一个复合函数的,例如 $y=\sqrt{u}$ 和 $u=-x^2-1$ 两个函数不能复合。

在讨论复合函数的分解过程时,不管是分成两个还是更多个,基本思想是一致的:

(1) 由外及里。先看外层函数,再看内层函数,依此类推。

(2) 每一层的函数都是一个基本初等函数或几个基本初等函数的四则运算式。应该注意的是,每层次中的函数都不能出现复合关系。

例 3 将下列复合函数分解成初等函数或简单函数。

(1) $y=\sin^2 x$;　　(2) $y=\cos(3-2x)$;　　(3) $y=\ln\ln x$;

(4) $y=\tan\sqrt{(3x+5)^7}$； (5) $y=2^{\cot(7-4x)}$； (6) $y=\sqrt[3]{1+\cos2x}$。

解 (1) $y=\sin^2 x$ 由函数 $y=u^2$，$u=\sin x$ 复合而成；

(2) $y=\cos(3-2x)$ 由函数 $y=\cos u$，$u=3-2x$ 复合而成；

(3) $y=\ln\ln x$ 由函数 $y=\ln u$，$u=\ln x$ 复合而成；

(4) $y=\tan\sqrt{(3x+5)^7}$ 由函数 $y=\tan u$，$u=v^{\frac{7}{2}}$，$v=3x+5$ 复合而成；

(5) $y=2^{\cot(7-4x)}$ 由函数 $y=2^u$，$u=\cot v$，$v=7-4x$ 复合而成；

(6) $y=\sqrt[3]{1+\cos2x}$ 由函数 $y=\sqrt[3]{u}$，$u=1+\cos\nu$，$\nu=2x$ 复合而成。

三、初等函数

由常数和基本初等函数经过有限次的四则运算和有限次的函数复合，且在定义域内能用一个解析式表示的函数，称为**初等函数**。

例如，函数 $y=\sqrt{1-\cos x}$，$y=\ln(x-\sqrt{1+x^2})$ 等都是初等函数。

【同步训练1】

1. 下列函数能否复合为函数 $y=f[g(x)]$？若能，写出其解析式、定义域、值域。

(1) $y=f(u)=\sqrt{u}$，$u=g(x)=x-x^2$；

(2) $y=f(u)=\ln u$，$u=g(x)=\sin x-1$。

2. 将下列复合函数分解成初等函数或简单函数。

(1) $y=e^{3-2x}$； (2) $y=\sin(\cos x)$； (3) $y=\sqrt{1+\tan x}$；

(4) $y=\ln\tan 3x$；　　(5) $y=2^{\sqrt{3-2x}}$；　　(6) $y=\ln\left(\sin^2\dfrac{x}{2}\right)$。

四、分段函数

在实际应用中，常遇到这样一类函数：在自变量的不同变化过程中，对应法则用不同的式子表示，我们将这种函数称为**分段函数**。例如：

$$f(x)=\begin{cases}2x-1, & x>0,\\ x^2-1, & x\leqslant 0。\end{cases}$$

例 4　设 $f(x)=\begin{cases}1, & 0\leqslant x\leqslant 1,\\ -2, & 1<x\leqslant 2,\end{cases}$ 求函数 $f(x+3)$ 的定义域。

解　因为 $f(x)=\begin{cases}1, & 0\leqslant x\leqslant 1,\\ -2, & 1<x\leqslant 2,\end{cases}$ 所以有

$$f(x+3)=\begin{cases}1, & 0\leqslant x+3\leqslant 1\\ -2, & 1<x+3\leqslant 2\end{cases}=\begin{cases}1, & -3\leqslant x\leqslant -2,\\ -2, & -2<x\leqslant -1,\end{cases}$$

故函数 $f(x+3)$ 的定义域为 $[-3,-1]$。

例 5　设函数 $f(x)=\begin{cases}1-2x, -3<x\leqslant 0,\\ x^2, 0<x<2,\\ 3x+2, x\geqslant 2,\end{cases}$ 求 $f(-2), f(0), f\left(\dfrac{1}{2}\right), f(2), f(3)$ 的值。

解　$f(-2)=1-2\times(-2)=5$，　　$f(0)=1-2\times 0=1$，

$f\left(\dfrac{1}{2}\right)=\left(\dfrac{1}{2}\right)^2=\dfrac{1}{4}$，　　$f(2)=3\times 2+2=8$，　　$f(3)=3\times 3+2=11$。

例 6　绝对值函数

$$f(x)=|x|=\begin{cases}x, & x\geqslant 0,\\ -x, & x<0,\end{cases}$$

其函数图像如图 1-11 所示。

例 7　符号函数

$$y=\mathrm{sgn}x=\begin{cases}1, x>0,\\ 0, x=0,\\ -1, x<0,\end{cases}$$

其图像如图 1-12 所示。

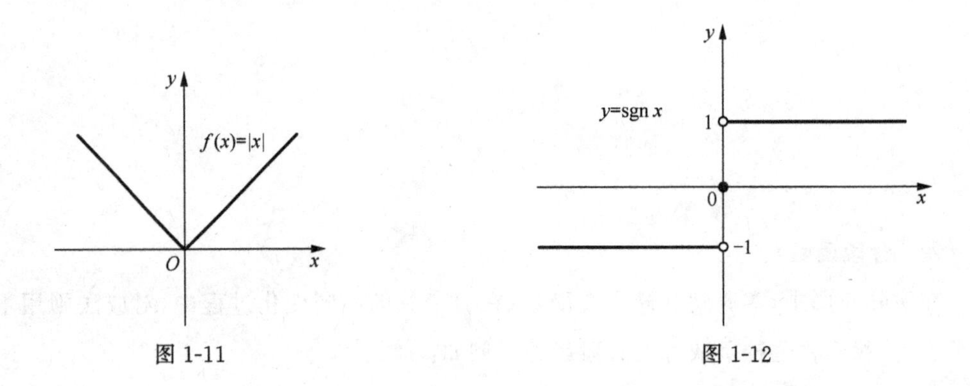

图 1-11　　图 1-12

【同步训练 2】

设对任意 $x>0$，函数值 $f\left(\frac{1}{x}\right)=x+\sqrt{1+x^2}$，求函数 $y=f(x)(x>0)$ 的解析表达式。

1.1.3　经济学中的常用函数

在经济分析中，对成本、价格、收益等经济量的关系进行研究时，发现这些经济量之间存在各种依存关系。对实际问题而言，往往有多个变量同时出现，为了便于研究各个经济量之间的关系，逐渐形成各种经济函数。

下面我们介绍经济学中常用的几种函数。

1. 需求函数

所有经济活动的目的在于满足人们的需求。所谓需求量，是指在一定价格水平，一定的时间内，消费者愿意购买并且有购买承受能力的商品量。需求量并不等于实际购买量，因为某种商品的需求量除了和商品的价格有关，还受其他许多因素的影响，如消费者的数量、收入、习惯和兴趣，季节性以及代用商品的价格等。这些因素厂商是无法控制的，且在一段时间内不会有太大变化。因此我们如果视其他因素对需求暂无影响，只考虑商品的价格，则需求量 Q 是价格 P 的函数，记

$$Q=Q(P),$$

称 $Q(P)$ 为需求函数。

一般说来，商品价格上涨会使需求量减少，即需求量是价格的减函数。在企业管理和经济学中常见的需求函数有

线性函数　$Q=-aP+b(a,b>0)$；

幂函数　　$Q=kP^{-a}(k,a>0)$；

指数函数　$Q=a\mathrm{e}^{-bP}(a,b>0)$。

例 8　设某商品需求函数为

$$Q=-aP+b(a,b>0),$$

讨论 $P=0$ 时的需求量和 $Q=0$ 时的价格。

解　当 $P=0$ 时，$Q=b$，它表示当价格为零时，消费者对商品的需求量为 $Q=b$，此时 b 也就是市场对该商品的饱和需求量，当 $Q=0$ 时，$P=\frac{b}{a}$，它表示价格上涨到 $P=\frac{b}{a}$ 时，没有人愿意购买该商品。

2. 供给函数

供给函数是指商品供应者对社会提供的商品量。供给量也是由多个因素决定的，但影响供给量的主要因素还是价格，如果认为在一段时间内除价格以外的因素变化很小，则供给量 S 便是价格 P 的函数，记

$$S=S(P),$$

称 $S(P)$，为供给函数。

一般说来，商品的市场价格越高，生产者愿意而且能够向市场提供的商品量也就越多。因此，商品供给量 S 随商品价格 P 的上涨而增加，即供给函数是单调增加的函数。

经济学中常见的供给函数有

线性函数　$S=aP+b(a,b>0)$；

幂函数　　$S=kP^{a}(k,a>0)$；

指数函数　$S=a\mathrm{e}^{bP}(a,b>0)$。

在同一坐标系中作出需求曲线 $Q(P)$ 和供给曲线 $S(P)$（见图 1-13），两条曲线交点 (P_0,Q_0) 就是供需平衡点，P_0 称为**均衡价格**。

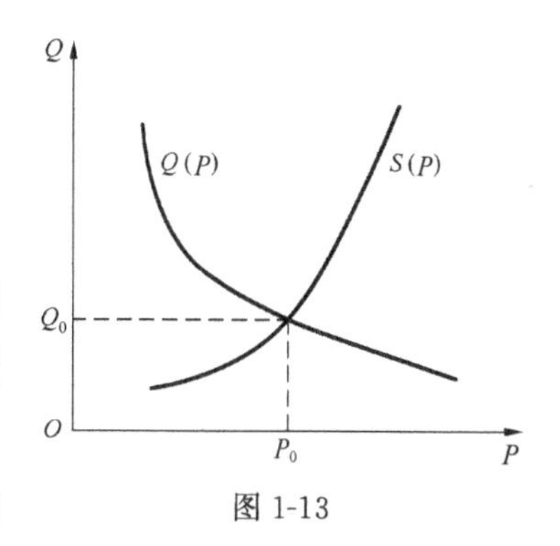

图 1-13

当市场价格 $P>P_0$ 时，供给量将增加，而需求量将减

少，市场上出现“供过于求”，商品滞销，这种情况不会太久，随后价格 P 下降。反之，当市场价格 $P < P_0$ 时，供给量少而需求量增加，市场上出现“供不应求”，商品短缺，会形成抢购等情况。这种情况也不会持久，必然导致价格 P 上涨。总之，市场上的商品价格围绕均衡价格波动。

3. 成本函数

任何一种产品的生产，都需要有投入，我们把生产一定数量产品所需要的各种生产要素投入的费用总额称为**成本**，它由**固定成本**和**可变成本**组成。固定成本是指在短时间内不发生变化或变化很小的投入部分，比如厂房、机器设备等，用 C_0 表示；可变成本是指随产品数量变化而变化的投入部分，比如原材料、燃料能源等，记为 $C_1(Q)$ 。生产 Q 个单位产品时，某种商品的固定成本和可变成本之和，称为**总成本**，记为 $C(Q)$ ，即 $C(Q)= C_0 + C_1(Q)$ 。

为了了解生产的好坏情况，有时还需给出**平均成本**，也就是单位产品的成本，用 $\overline{C}(Q)$ 表示，即 $\overline{C}(Q)=\dfrac{C(Q)}{Q}$ 。

例 9　已知产品的总成本为 $C(Q)=1000+\dfrac{Q^2}{8}$ ，求生产 100 个该产品时的总成本和平均成本。

解　由题意，产量为 100 时的总成本为 $C(100)=1000+\dfrac{100^2}{8}=2250$。

平均成本为 $\overline{C}(Q)=\dfrac{C(Q)}{Q}=\dfrac{2250}{100}=22.5$。

4. 收益函数

总收益是指生产者出售一定数量产品所得的全部收入。

在经济学中把价格 P 和出售量 Q 的乘积称为在该需求量和价格下所得的**总收益**，用 R 表示，即 $R=R(Q)=PQ$ 。

平均收益是指每出售一个单位产品所得到的收入，用 $\overline{R}(Q)$ 表示，即 $\overline{R}(Q)=\dfrac{R(Q)}{Q}=\dfrac{QP(Q)}{Q}=P(Q)$ 。

例 10　已知某产品价格与销售量的关系为

$$P=10-\frac{Q}{5},$$

求销售量为 30 时的总收益和平均收益。

解　$R=R(Q)=P(Q)Q=10Q-\dfrac{Q^2}{5}$ ，

$R(30)=120$。

$$\overline{R}(Q)=\frac{R(Q)}{Q}=P(Q)=10-\frac{Q}{5},\overline{R}(30)=4。$$

5. 利润函数

利润是生产一定数量产品的总收益与总成本之差,用 $L(Q)$表示,即 $L(Q)=R(Q)-C(Q)$。

一般地,有

(1) 如果 $L(Q)=R(Q)-C(Q)>0$,则生产处于盈利状态;

(2) 如果 $L(Q)=R(Q)-C(Q)=0$,则生产处于保本状态;

(3) 如果 $L(Q)=R(Q)-C(Q)<0$,则生产处于亏损状态。

例 11 某工厂生产某种产品,固定成本为 2000 元,每生产一台产品,成本增加 5 元,若该产品的销售单价为每台 9 元,求产量为 200 台时的总成本、平均成本及总利润,并求生产这种产品的保本点。

解 设产量为 Q 台,则总成本函数为 $C(Q)=2000+5Q$,

平均成本函数为 $\overline{C}(Q)=\frac{C(Q)}{Q}=\frac{2000}{Q}+5$,

收益函数为 $R=R(Q)=9Q$,

利润函数为 $L(Q)=R(Q)-C(Q)=9Q-(2000+5Q)=4Q-2000$。

当产量为 200 台时,

总成本为 $C(200)=2000+5\times 200=3000$(元),

平均成本为 $\overline{C}(200)=\frac{C(200)}{200}=15$(元/台),

总利润为 $L(200)=4\times 200-2000=-1200$(元),

令 $L(Q)=4Q-2000=0$,得 $Q=500$ 台,即为产品产量的保本点。

6. 库存函数

设某企业在计划期 T 内,对某种物品的总需求量为 Q,由于库存费用及资金占用等因素,考虑均匀地分 n 次进货,每次进货批量为 $q=\frac{Q}{n}$,进货周期为 $t=\frac{T}{n}$。假定每件物品的储存单位时间费用为 C_1,每次进货费用为 C_2,每次进货量相同,进货间隔时间不变,以匀速消耗储存物品,则平均库存为 $\frac{q}{2}$,在时间 T 内的总费用 E 为

$$E=\frac{1}{2}C_1Tq+C_2\frac{Q}{q},$$

其中,$\frac{1}{2}C_1Tq$ 是储存费,$C_2\frac{Q}{q}$ 是进货费用。

储存费就是经济学中所指的库存持有成本,库存持有成本的高低与库存数量有直接的关系。从经济的观点出发,在各种库存情况下,合理选择订货批量,可以使得库存成本和订

货成本合计最低。我们把这个使库存成本和订货成本合计最低的订货批量，叫**经济订货批量**。

7. 复利模型

利息是资金的时间价值的一种表现形式。利息分为单利和复利，若本金在上期产生的利息不再加入本期本金计算利息，就叫**单利**；反之，若本金在上期产生的利息也纳入本期本金计算利息，就叫**复利**。

例 12 设 p 是本金，r 为年复利率，n 是计息年数，若每满 $\frac{1}{t}$ 年计息一次，求本利和 A 与计息年数 n 的函数模型。

解 由题意，每期的复利率为 $\frac{r}{t}$，第一期末的本利和为

$$A_1=p+p\cdot\frac{r}{t}=p\left(1+\frac{r}{t}\right);$$

把 A_1 作为本金计息，则第二期末的本利和为

$$A_2=A_1+A_1\cdot\frac{r}{t}=p\left(1+\frac{r}{t}\right)^2;$$

再把 A_2 作为本金计息，如此反复，第 n 年(第 nt 期)末的本利和为

$$A=p\left(1+\frac{r}{t}\right)^{nt}。$$

【同步训练 3】

设手表的价格为每只 70 元时，销售量为 10000 只，如果单价每提高 3 元，则需求量减少 3000 只，试求需求函数；如果单价每提高 3 元，制表厂可多提供 300 只手表，求供给函数；求手表市场处于平衡状态下的价格和需求量。

习题 1.1

1. 求下列函数的定义域。

(1) $y=\sqrt{x^2-4x+3}$； (2) $y=\sqrt{4-x^2}+\frac{1}{\sqrt{x+1}}$； (3) $y=\sqrt{x-1}+\frac{1}{\ln|x-1|}$。

2. 若函数 $f(x)=x^2-2x+3$，求 $f(0),f(2),f(-x),f\left(\frac{1}{x}\right)$ 。

3. 设 $f(x)=\begin{cases}2+x, & x<0,\\ 0, & x=0,\\ x^2-1, & x>0,\end{cases}$

求函数 $f(x)$ 的定义域及 $f(-1)$、$f(2)$ 的值，并作出它的图形。

4. 将 y 表示成 x 的函数。

(1) $y=u^2,u=1+\sqrt{v},v=x^3+2$；　　(2) $y=\sqrt{u},u=2+v^2,v=\sin x$ 。

5. 写出下列复合函数的复合过程。

(1) $y=\sqrt{4x+3}$ ；　　(2) $y=\frac{1}{2-3x}$ ；　　(3) $y=e^{-3x}$ ；

(4) $y=\ln(\cos 3x)$ ；　　(5) $y=\sin\frac{1}{3x-1}$ ；　　(6) $y=\ln[\ln(5x+1)]$ ；

(7) $y=\sin^2(2x^2+1)$ ；　　(8) $y=5^{\ln\sin x}$ ；　　(9) $y=\cos^2(\sin 3x)$ 。

6. 已知某商品的成本为 $C(Q)=100+\frac{Q^2}{4}$，求 $Q=10$ 时的总成本、平均成本。

7. 某服装厂生产衬衫的可变成本为每件 15 元，每天的固定成本为 2000 元，若每件衬衫售价为 20 元，则该厂每天生产 600 件衬衫的利润是多少？无盈亏产量是多少？

8. 设某产品的价格函数是 $P(Q)=60-\frac{Q}{1000}(Q\geqslant 10000)$，其中 P 为价格（元），Q 为产品销售量，又设产品的固定成本为 60000 元，变动成本为 20 元/每件。求：

(1) 成本函数；(2) 收益函数；(3) 利润函数。

本节【同步训练 1】答案

1. (1) $y=f[g(x)]=\sqrt{x-x^2},x\in D=\{x\mid 0\leqslant x\leqslant 1\},f(D)=\left[0,\frac{1}{2}\right]$ 。

(2) 不能。因为 $g(x)=\sin x-1\leqslant 0$，$g(x)$ 的值域与 $f(u)$ 的定义域之交集是空集。

2. (1) $y=e^u,u=3-2x$ ；

(2) $y=\sin u,u=\cos x$ ；

(3) $y=\sqrt{u}, u=1+\tan x$；

(4) $y=\ln u, u=\tan v, v=3x$；

(5) $y=2^{u}, u=\sqrt{v}, v=3-2x$；

(6) $y=\ln u, u=v^{2}, v=\sin t, t=\frac{x}{2}$。

本节【同步训练 2】答案

设 $\frac{1}{x}=u$，则 $f(u)=\frac{1}{u}+\sqrt{1+\frac{1}{u^{2}}}=\frac{1+\sqrt{1+u^{2}}}{u}$，

故 $f(x)=\frac{1+\sqrt{1+x^{2}}}{x}(x>0)$。

本节【同步训练 3】答案

需求函数 $Q(P)=10000-\frac{P-70}{3}\times 3000=1000(80-P)$；

供给函数 $S(P)=10000+\frac{P-70}{3}\times 300=100(P+30)$；

$P_0=70$ 元，$Q_0=10000$ 只。

§1.2 极限的概念

极限是描述变量在变化过程中的变化趋势。为理解极限的概念，先从数列的极限说起。

1.2.1 数列的极限

1. 数列的概念

如果按照某一法则，对每一个 $n\in\mathbf{N}^{+}$，对应有一个确定的实数 x_n，这些实数 x_n 按照下标 n 从小到大排列得到一个序列 $x_1, x_2, \cdots x_n, \cdots$，就叫作**数列**，简记为 $\{x_n\}$。

数列中每一个数叫作数列的项，第 n 项 x_n 叫作数列的**一般项**或**通项**。例如：

(1) $\frac{1}{2}, \frac{2}{3}, \frac{3}{4}, \cdots, \frac{n}{n+1}, \cdots$；

(2) $2, 4, 8, \cdots, 2^{n}, \cdots$；

(3) $\frac{1}{2}, \frac{1}{4}, \frac{1}{8}, \cdots, \frac{1}{2^{n}}, \cdots$；

(4) $1, -1, 1, \cdots, (-1)^{n+1}, \cdots$

都是数列的例子，它们的一般项依次为 $\frac{n}{n+1}, 2^{n}, \frac{1}{2^{n}}, (-1)^{n+1}$。

2. 数列极限的概念

定义 1 如果当 n 无限增大时，数列 $\{x_n\}$ 的通项 x_n 无限接近于一个确定的常数 A，则称 A 为数列 $\{x_n\}$ 当 n 趋向于无穷大时的**极限**，记作

$$\lim_{n\to\infty} x_n = A \text{，或 } x_n \to A\ (n \to \infty)\text{。}$$

或称数列 x_n **收敛**于 A，如果数列没有极限，就说数列是**发散**的。

注：若极限存在，极限必然是有限常数且唯一。

例如，数列 $2,\frac{3}{2},\frac{4}{3},\cdots,\frac{n+1}{n},\cdots$ 收敛于 1，极限表示形式为 $\lim\limits_{n\to\infty}\frac{n+1}{n}=1$。

上述例子(1)～(4)极限情况分别是

(1)极限为 $1\left(\lim\limits_{n\to\infty}\frac{n}{n+1}=1\right)$；　　(2)极限不存在(数列发散)；

(3)极限为 $0\left(\lim\limits_{n\to\infty}\frac{1}{2^n}=0\right)$；　　(4)极限不存在(数列发散)。

1.2.2 函数的极限

对于函数 $y=f(x)$，自变量的变化有两种情况。所以分两个方面来讨论。

1. 当自变量 x 的绝对值 $|x|$ 无限增大，记 $x\to\infty$，相应的函数值 $f(x)$ 的变化趋势。

定义 2 如果当 $x\to+\infty$（或 $x\to-\infty$）时，函数 $y=f(x)$ 的值无限接近于一个确定的常数 A，则称 A 为函数 $y=f(x)$ 当 $x\to+\infty$（或 $x\to-\infty$）时的极限，记作

$$\lim_{x\to+\infty} f(x)=A\ \left(\text{或 } \lim_{x\to-\infty} f(x)=A\right)\text{。}$$

定理 1 $\lim\limits_{x\to\infty} f(x)=A$ 的充分必要条件是 $\lim\limits_{x\to+\infty} f(x)=\lim\limits_{x\to-\infty} f(x)=A$。

例如：

(1) 因为 $\lim\limits_{x\to+\infty}\frac{1}{x}=0$，$\lim\limits_{x\to-\infty}\frac{1}{x}=0$，所以 $\lim\limits_{x\to\infty}\frac{1}{x}=0$。

(2) 因为 $\lim\limits_{x\to+\infty} e^x=+\infty$，$\lim\limits_{x\to-\infty} e^x=0$，所以 $\lim\limits_{x\to\infty} e^x$ 不存在。

2. 自变量 x 任意接近于有限值 x_0，记为 $x\to x_0$，相应的函数值 $f(x)$ 的变化趋势。

定义 3 设函数 $f(x)$ 在点 x_0 的附近有定义（x_0 点可以除外），如果当自变量 x 无限趋近于 $x_0(x\neq x_0)$ 时，函数 $f(x)$ 的值无限接近于一个确定的常数 A，则称 A 为函数 $f(x)$ 当 $x\to x_0$ 时的极限，记作 $\lim\limits_{x\to x_0} f(x)=A$，或 $f(x)\to A$（当 $x\to x_0$ 时）。

注意：$x\to x_0$ 是指从 x_0 的两侧趋于 x_0。

由定义可知，$\lim\limits_{x\to 1}(x+1)=2$，$\lim\limits_{x\to 1}\frac{x^2-1}{x-1}=2$。

函数 $f(x)=\frac{x^2-1}{x-1}$ 在 $x=1$ 处尽管无定义，但是由于极限

$$\lim_{x \to 1}\frac{x^2-1}{x-1}=\lim_{x \to 1}\frac{(x+1)(x-1)}{x-1}=\lim_{x \to 1}(x+1)=2\text{，}$$

所以当 $x \to 1$ 时，函数的极限存在。

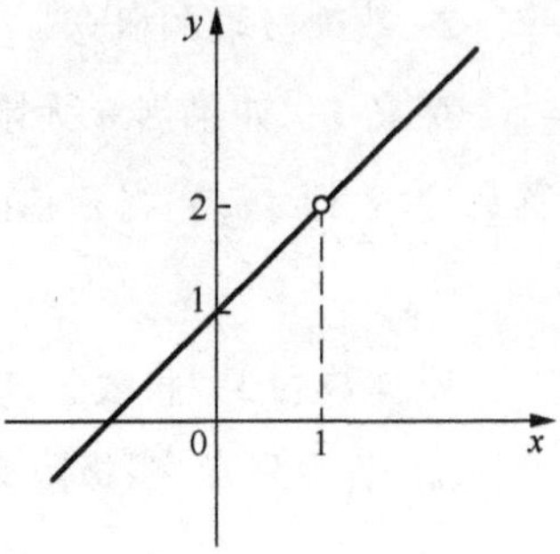

函数 $f(x)=\dfrac{x^2-1}{x-1}$ 的图像如图 1-14 所示。

图 1-14

我们将 $x > x_0$ 且 $x \to x_0$ 记作 $x \to x_0^+$；将 $x < x_0$ 且 $x \to x_0$ 记作 $x \to x_0^-$。

定义 4(左、右极限定义) 如果 $x \to x_0^+$(或 $x \to x_0^-$)时，函数 $f(x)$ 的值无限接近于一个确定的常数 A，则称 A 为函数 $f(x)$ 当 $x \to x_0^+$(或 $x \to x_0^-$)时的右极限(或左极限)，记作

$$f(x_0+0)=\lim_{x \to x_0^+}f(x)=A\ (\text{或 } f(x_0-0)=\lim_{x \to x_0^-}f(x)=A\ )\text{。}$$

定理 2 $\lim\limits_{x \to x_0}f(x)=A$ 的充分必要条件是 $\lim\limits_{x \to x_0^+}f(x)=\lim\limits_{x \to x_0^-}f(x)=A$ 。

由此可知，验证函数 $y=f(x)$ 在点 x_0 处的左、右极限是否存在且相等，就可以判明函数 $y=f(x)$ 在点 x_0 处的极限是否存在。当 $x \to x_0$ 时，如果 $f(x)$ 在 x_0 点的左、右极限至少有一个不存在，或者虽然左、右极限都存在，但不相等，则函数在 x_0 点处极限不存在。

例 1 函数 $f(x)=\begin{cases}x-1, & x<0,\\ 0, & x=0,\\ x+1, & x>0,\end{cases}$ 当 $x \to 0$ 时，证明 $f(x)$ 的极限不存在。

证明 先求函数 $f(x)$ 在 $x \to 0$ 时的左、右极限。

$$\lim_{x \to 0+}f(x)=\lim_{x \to 0+}(x+1)=0+1=1\text{，}\quad \lim_{x \to 0-}f(x)=\lim_{x \to 0-}(x-1)=0-1=-1\text{。}$$

显然 $f(0^+) \neq f(0^-)$，即函数 $f(x)$ 在 $x \to 0$ 时的左、右极限不相等，从而当 $x \to 0$ 时，$f(x)$ 的极限不存在。

例 2 设函数 $f(x)=\begin{cases}x+2, & x \geqslant 1,\\ 3x, & x<1,\end{cases}$ 试判断 $\lim\limits_{x \to 1}f(x)$ 是否存在。

解 分别求函数当 $x \to 1$ 时的左、右极限。

$$\lim_{x \to 1-}f(x)=\lim_{x \to 1-}(3x)=3 \times 1=3\text{，}\lim_{x \to 1+}f(x)=\lim_{x \to 1+}(x+2)=1+2=3\text{，}$$

左、右极限各自存在且相等，所以 $\lim\limits_{x \to 1}f(x)$ 存在，且 $\lim\limits_{x \to 1}f(x)=3$。

由函数极限定义知，函数的极限是描述自变量在某一变化过程中，函数无限地接近于某个确定的数，下面仅以 $x \to x_0$ 为例给出函数极限的性质。

性质 1(唯一性) 若 $\lim\limits_{x \to x_0}f(x)$ 存在，则极限是唯一的。

性质 2(夹逼准则) 若对同一范围的 x 有函数关系 $g(x) \leqslant f(x) \leqslant h(x)$，且有 $\lim\limits_{x \to x_0}g(x)=A$，$\lim\limits_{x \to x_0}h(x)=A$，则 $\lim\limits_{x \to x_0}f(x)=A$ 。

【同步训练 1】

设函数 $f(x)=\frac{|x|}{x}$，判断 $\lim\limits_{x\to 0}f(x)$ 是否存在。

1.2.3 无穷小和无穷大

1. 无穷小

由函数极限的概念知：$\lim\limits_{x\to 0}x^2=0$，$\lim\limits_{x\to 2}(x-2)=0$，$\lim\limits_{x\to\infty}\frac{1}{x}=0$，这些函数有一个共同之处，就是极限都为零。

定义 5 如果函数 $f(x)$ 当 $x\to x_0$（或 $x\to\infty$）时的极限为零，那么称函数 $f(x)$ 为当 $x\to x_0$（或 $x\to\infty$）时的无穷小。

注意：

(1) 无穷小量不是一个很小的数，无穷小是变量（对自变量某一变化过程来说）的变化状态，而不是变量的大小，一个变量无论多么小，都不能是无穷小量，**极限为零**是无穷小的衡量标准。因此对于任意的非零常数 C，无论它的绝对值多么小，都不是无穷小量，常数 0 是唯一可以作为无穷小量的常数。

(2) 某个变量是否为无穷小量，这与自变量的变化过程相关，所以认为 $f(x)$ 是无穷小量时，应同时指出相应自变量的变化过程。

无穷小的性质有以下几个。

性质 1 有限个无穷小的代数和是无穷小。

性质 2 有限个无穷小的乘积仍为无穷小。

性质 3 有界函数与无穷小的乘积仍为无穷小。

推论 常数与无穷小的乘积仍为无穷小。

2. 无穷大

定义 6 若当 $x\to x_0$（或 $x\to\infty$）时 $f(x)\to\infty$，就称 $f(x)$ 为当 $x\to x_0$（或 $x\to\infty$）时的无穷大，记作 $\lim\limits_{x\to x_0}f(x)=\infty$（或 $\lim\limits_{x\to\infty}f(x)=\infty$）。

注意：

(1) 无穷大不是一个数，是量。

(2) 极限为∞是函数极限不存在的一种情形，这里借用极限的记号，但并不表示函数极限存在。

由无穷大、无穷小的定义，我们容易看到它们有如下的关系。

定理3 在自变量的同一变化过程中，若$f(x)$为无穷大，则$\frac{1}{f(x)}$为无穷小；反之，若$f(x)$为无穷小，则$\frac{1}{f(x)}$为无穷大。

3. 无穷小的比较

设α与β为x在同一变化过程中的两个无穷小，它们虽然都是无限趋于零，但是趋于零的速度快、慢会有差别。综合大量的观察结果，我们可以看到二者的这种快、慢差别与它们之间的比的极限状况有着密切关系，据此我们规定：

(1) 若$\lim\frac{\beta}{\alpha}=0$，就说$\beta$是比$\alpha$**高阶的无穷小**，记为$\beta=o(\alpha)$。此时变量$\beta$无限趋于零的速度远快于变量$\alpha$。

(2) 若$\lim\frac{\beta}{\alpha}=\infty$，就说$\beta$是比$\alpha$**低阶的无穷小**。此时变量$\beta$无限趋于零的速度远慢于变量$\alpha$。

(3) 若$\lim\frac{\beta}{\alpha}=C\neq 0$，就说$\beta$与$\alpha$是**同阶无穷小**。此时变量$\alpha$、$\beta$无限趋于零的速度相当。

(4) 特别地，若$\lim\frac{\beta}{\alpha}=1$，就说$\beta$与$\alpha$是**等价无穷小**，记为$\alpha\sim\beta$。此时变量$\alpha$、$\beta$无限趋于零的速度相同。

例如，当$x\to 0$时，x^2是x的高阶无穷小，即$x^2=o(x)$；反之，x是x^2的低阶无穷小；x^2与$1-\cos x$是同阶无穷小；x与$\sin x$是等价无穷小，即$x\sim\sin x$。

下面列出几个常见的等价无穷小。当$x\to 0$时，有$\sin x\sim x$，$\tan x\sim x$，$\arcsin x\sim x$，$\arctan x\sim x$，$\ln(x+1)\sim x$，$e^x-1\sim x$，$1-\cos x\sim\frac{1}{2}x^2$，$a^x-1\sim x\ln a$，$\log_a(1+x)\sim\frac{x}{\ln a}$，$[(1+x)^\alpha-1]\sim\alpha x$。

在具体极限计算中，上述等价无穷小代换可灵活运用，关系式中的x可用同样的变量或关系式替换，只要这个变量或关系式整体是无穷小即可．如当$x\to 0$时，$\sin 2x\sim 2x$，$\ln(5x+1)\sim 5x$。

定理 4 若在同一变化过程中，$\alpha \sim \alpha'$，$\beta \sim \beta'$，α、$\beta \neq 0$ 且 $\lim \frac{\alpha'}{\beta'}$ 存在，则有

$$\lim \frac{\alpha}{\beta} = \lim \frac{\alpha'}{\beta'}。$$

证明 $\lim \frac{\alpha}{\beta} = \lim \frac{\alpha}{\alpha'} \frac{\alpha'}{\beta'} \frac{\beta'}{\beta} = \lim \frac{\alpha}{\alpha'} \lim \frac{\alpha'}{\beta'} \lim \frac{\beta'}{\beta} = 1 \times \lim \frac{\alpha'}{\beta'} \times 1 = \lim \frac{\alpha'}{\beta'}$。

定理 4 也叫**等价无穷小代换定理**，定理说明在乘除的极限运算形式中，用非零的等价无穷小进行替换不会改变其极限值，可以简化极限的运算性质。但一定要注意替代时只能是对分式中的分子或分母进行整体替代。

【同步训练 2】

1. 当 $x \to 0$ 时，写出下列无穷小量的等价无穷小。

(1) $\sin 3x$； (2) $\tan \frac{x}{2}$； (3) $\sin^2 \frac{x}{2}$； (4) $1 - \cos 2x$。

2. 求下列极限。

(1) $\lim\limits_{x \to \infty} \frac{\sin x}{x}$； (2) $\lim\limits_{x \to 1} (x-1) \cos \frac{1}{x-1}$。

习题 1.2

1. 判断下列数列当 $n \to \infty$ 时的变化趋势，并求出它们的极限。

(1) $\{x_n\} = \left\{\frac{(-1)^n}{n}\right\}$； (2) $\{x_n\} = \left\{\frac{n}{n+1}\right\}$；

(3) $\{x_n\} = \{(-1)^n n\}$； (4) $\{x_n\} = \left\{\sin \frac{n\pi}{2}\right\}$。

2. 判断下列函数极限是否存在,若存在,求出其极限。

(1) $\lim\limits_{x\to\infty}\dfrac{3}{x^2}$;　　(2) $\lim\limits_{x\to 2}(3x+1)$;

(3) $\lim\limits_{x\to+\infty}\left(\dfrac{1}{5}\right)^x$;　　(4) $\lim\limits_{x\to-\infty}5^x$;

(5) $\lim\limits_{x\to+\infty}3^{-x}$;　　(6) $\lim\limits_{x\to+\infty}\sin x$。

3. 设函数 $f(x)=\begin{cases}x, & 0\leqslant x<1,\\ 2-x, & 1\leqslant x<2,\\ x-1, & 2\leqslant x\leqslant 3,\end{cases}$ 讨论当 $x\to 1$ 与 $x\to 2$ 时,函数 $f(x)$ 的极限是否存在。

4. 指出下列各题中哪些是无穷大量,哪些是无穷小量。

(1) $2x^2$,当 $x\to 0$ 时;　　(2) $\dfrac{1}{x-1}$,当 $x\to 1$ 时;

(3) $x\sin\dfrac{1}{x}$,当 $x\to 0$ 时;　　(4) $\ln x$,当 $x\to 0^+$ 时。

5. 求下列极限。

(1) $\lim\limits_{x\to\infty}\dfrac{\cos 2x}{x^2}$;　　(2) $\lim\limits_{x\to 0}x^2\sin\dfrac{1}{x}$。

本节【同步训练 1】答案

提示:$f(x)=\dfrac{|x|}{x}=\begin{cases}1, x>0,\\ -1, x<0,\end{cases}$ $\lim\limits_{x\to 0}f(x)$ 不存在。

本节【同步训练 2】答案

1. 当 $x\to 0$ 时,

(1) $\sin 3x\sim 3x$;　　(2) $\tan\dfrac{x}{2}\sim\dfrac{x}{2}$;

(3) $\sin^2\dfrac{x}{2}\sim\dfrac{x^2}{4}$;　　(4) $1-\cos 2x\sim 2x^2$。

2. (1) 0;　　(2) 0。

§1.3 函数极限运算

1.3.1 极限的运算法则

用极限的定义求函数的极限是很不方便的，本节将介绍极限的运算法则，并利用法则求函数的极限。

设 $\lim f(x)=A$，$\lim g(x)=B$，则有

(1) $\lim[f(x)\pm g(x)]=\lim f(x)\pm \lim g(x)=A\pm B$。

可推广到有限个函数情形。

(2) $\lim[f(x)g(x)]=\lim f(x)\cdot \lim g(x)=AB$。

推论 1 $\lim[cf(x)]=c\cdot \lim f(x)$（$c$ 为常数）。

推论 2 $\lim[f(x)]^n=[\lim f(x)]^n$（$n$ 为正整数）。

(3)若 $\lim g(x)=B\neq 0$，则 $\lim \dfrac{f(x)}{g(x)}=\dfrac{A}{B}=\dfrac{\lim f(x)}{\lim g(x)}$。

(4) $\lim\sqrt[n]{f(x)}=\sqrt[n]{\lim f(x)}=\sqrt[n]{A}$（$n$ 为正整数）。

例 1 $\lim\limits_{x\to 1}(x^2-5x+1)=1^2-5\times 1+1=-3$。

例 2 求 $\lim\limits_{x\to 2}\dfrac{x^2}{x-2}$。

解 当 $x\to 2$ 时，$x-2\to 0$，又 $x^2\to 4$，由于 $\lim\limits_{x\to 2}\dfrac{x-2}{x^2}=\dfrac{2-2}{4}=0$，由无穷小与无穷大的关系，得 $\lim\limits_{x\to 2}\dfrac{x^2}{x-2}=\infty$。

例 3 求 $\lim\limits_{x\to 1}\dfrac{x^2-1}{x^2+2x-3}$。

解 $x\to 1$ 时，分子分母的极限都是零，即 $\dfrac{0}{0}$ 型。可将函数先行恒等变形，再约去分子、分母共同的不为零的无穷小因子 $x-1$ 后再求极限。(**消去零因子法**)

$$\lim_{x\to 1}\frac{x^2-1}{x^2+2x-3}=\lim_{x\to 1}\frac{(x+1)(x-1)}{(x+3)(x-1)}=\lim_{x\to 1}\frac{x+1}{x+3}=\frac{1+1}{1+3}=\frac{1}{2}。$$

例 4 求 $\lim\limits_{x\to 3}\dfrac{x^2-x-6}{2x^2-3x-9}$。

解 $x\to 3$ 时，分子、分母的极限都是零，属于 $\dfrac{0}{0}$ 型未定式。

$$\lim_{x\to 3}\frac{x^2-x-6}{2x^2-3x-9}=\lim_{x\to 3}\frac{(x+2)(x-3)}{(2x+3)(x-3)}=\lim_{x\to 3}\frac{x+2}{2x+3}=\frac{5}{9}。$$

例 5 求 $\lim\limits_{x \to 2} \dfrac{\sqrt{x+2}-2}{x-2}$。

解 $x \to 3$ 时，分子、分母的极限都是零，属于$\dfrac{0}{0}$型未定式。

由于分子中出现二次根式，可采用分子有理化的方法先行将函数恒等变形后再求极限。

$$\lim_{x \to 2} \frac{\sqrt{x+2}-2}{x-2} = \lim_{x \to 2} \frac{x-2}{(x-2)(\sqrt{x+2}+2)} = \lim_{x \to 2} \frac{1}{\sqrt{x+2}+2} = \frac{1}{4}\text{。}$$

例 6 求 $\lim\limits_{x \to \infty} \dfrac{2x^3+3x^2+5}{7x^3+4x^2-1}$。

解 $x \to \infty$ 时，分子分母的极限都是无穷大，属于$\dfrac{\infty}{\infty}$型未定式。

先用分子、分母同时除以共同的最高次幂(无穷大量) x^3，将式子中的无穷大量转化为有界量，再求极限，得

$$\lim_{x \to \infty} \frac{2x^3+3x^2+5}{7x^3+4x^2-1} = \lim_{x \to \infty} \frac{2+\dfrac{3}{x}+\dfrac{5}{x^3}}{7+\dfrac{4}{x}-\dfrac{1}{x^3}} = \frac{2}{7}\text{。}$$

由此可见，当 $x \to \infty$ 时若分子、分母为多项式，且最高次数相同，则极限值即为最高次幂的系数之比。

例 7 $\lim\limits_{x \to \infty} \dfrac{5x^3-6x+2}{3x^4+2x^2+7} = \lim\limits_{x \to \infty} \dfrac{\dfrac{5}{x}-\dfrac{6}{x^3}+\dfrac{2}{x^4}}{3+\dfrac{2}{x^2}+\dfrac{7}{x^4}} = \dfrac{0}{3} = 0$。

例 8 $\lim\limits_{x \to \infty} \dfrac{x^5-8x^3+3}{2x^3+4x^2+5x} = \lim\limits_{x \to \infty} \dfrac{1-\dfrac{8}{x^2}+\dfrac{3}{x^5}}{\dfrac{2}{x^2}+\dfrac{4}{x^3}+\dfrac{5}{x^4}} = \infty$。

综合例 6、例 7、例 8 可得如下结论。

设 $a_0 \neq 0, b_0 \neq 0, m, n$ 为自然数，则

$$\lim_{x \to \infty} \frac{a_0x^n+a_1x^{n-1}+\cdots+a_n}{b_0x^m+b_1x^{m-1}+\cdots+b_m} = \begin{cases} \dfrac{a_0}{b_0}, \text{当 } n=m \text{ 时}, \\ 0, \text{当 } n<m \text{ 时}, \\ \infty, \text{当 } n>m \text{ 时}。 \end{cases}$$

例 9 求 $\lim\limits_{x \to 1}\left(\dfrac{1}{x-1}-\dfrac{2}{x^2-1}\right)$。

解 $x \to 1$ 时，被减式与减式都无限趋于∞，属于$\infty-\infty$型未定式。由于各式出现分

母，可采用通分的方法先行将函数恒等变形，转化为$\frac{0}{0}$型或$\frac{\infty}{\infty}$型未定式后再求极限。

$$\lim_{x\to1}\left(\frac{1}{x-1}-\frac{2}{x^2-1}\right)=\lim_{x\to1}\frac{x+1-2}{x^2-1}=\lim_{x\to1}\frac{x-1}{(x-1)(x+1)}=\frac{1}{2}\text{。}$$

例 10 求 $\lim\limits_{x\to+\infty}(\sqrt{x^2+x}-\sqrt{x^2+1})$。

解 $x\to+\infty$时，被减式与减式都无限趋于∞，属于$\infty-\infty$型未定式。由于式中出现二次根式，可采用分子有理化的方法先行将函数恒等变形，转化为$\frac{0}{0}$型或$\frac{\infty}{\infty}$型未定式后再求极限。

$$\lim_{x\to+\infty}(\sqrt{x^2+x}-\sqrt{x^2+1})=\lim_{x\to+\infty}\frac{x-1}{\sqrt{x^2+x}+\sqrt{x^2+1}}=\lim_{x\to+\infty}\frac{1-\frac{1}{x}}{\sqrt{1+\frac{1}{x}}+\sqrt{1+\frac{1}{x^2}}}=\frac{1}{2}\text{。}$$

例 11 求 $\lim\limits_{n\to\infty}\left(\frac{1}{n^2}+\frac{2}{n^2}+\cdots+\frac{n}{n^2}\right)$。

解 当 $n\to\infty$ 时，这是无穷多项无穷小量相加，故不能用运算法则(1)，可利用数列的有关知识先行恒等变形后再求极限。

$$\text{原式}=\lim_{n\to\infty}\frac{1}{n^2}(1+2+\cdots+n)=\lim_{n\to\infty}\frac{1}{n^2}\cdot\frac{n(n+1)}{2}=\lim_{n\to\infty}\frac{n+1}{2n}=\frac{1}{2}\text{。}$$

【同步训练 1】

1. 求下列函数极限。

(1) $\lim\limits_{x\to1}\frac{x^2-1}{x^2-4x+3}$；　　(2) $\lim\limits_{x\to1}\frac{x^2+x-2}{2x^2+x-3}$；

(3) $\lim\limits_{n\to\infty}\left[2+\frac{(-1)^2}{n^2}\right]$；　　(4) $\lim\limits_{x\to\infty}\frac{x^3-4x+5}{3x^3+2x^2-7x}$；

(5) $\lim\limits_{x\to\infty}(\sqrt{x^2+3x}-x)$；　　(6) $\lim\limits_{x\to 0}\dfrac{x}{2-\sqrt{4+x}}$。

2. 已知 a ，b 为常数，$\lim\limits_{x\to\infty}\dfrac{ax^2+bx+6}{3x+2}=6$，求 a ，b 的值。

1.3.2　两个重要极限

1. 重要极限一：$\lim\limits_{x\to 0}\dfrac{\sin x}{x}=1$

函数 $f(x)=\dfrac{\sin x}{x}$ 对于一切 $x\neq 0$ 都有定义，当 $x\to 0$ 求极限时可限制 $|x|$ 为锐角。在图 1-15 所示的单位圆中，设圆心角 $\angle AOB=x\left(0<x<\dfrac{\pi}{2}\right)$，过点 A 处的切线与 OB 的延长线相交于 D，又 $BC\perp OA$，则 $\sin x=CB$，$x=\overset{\frown}{AB}$，$\tan x=AD$。因为$\triangle AOB$ 的面积＜圆扇形 AOB 的面积＜$\triangle AOD$ 面积，所以

$$\frac{1}{2}\sin x<\frac{1}{2}x<\frac{1}{2}\tan x，即 \sin x<x<\tan x。$$

将上述不等式两边都除以 $\sin x$，就有

$$1<\frac{x}{\sin x}<\frac{1}{\cos x} 或 \cos x<\frac{\sin x}{x}<1。$$

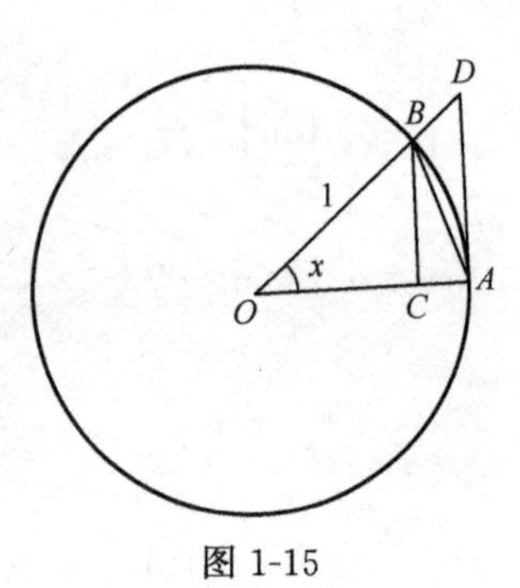

图 1-15

因为当 x 用 $-x$ 代替时，$\cos x$ 与 $\dfrac{\sin x}{x}$ 都不变，所以上面的不等式对于开区间 $\left(-\dfrac{\pi}{2},0\right)$ 内的一切 x 也是成立的。由于 $\lim\limits_{x\to 0}\cos x=1$，$\lim\limits_{x\to 0}1=1$，由极限性质(夹逼准则)知，$\lim\limits_{x\to 0}\dfrac{\sin x}{x}=1$。

由于重要极限一本身就是$\frac{0}{0}$型未定式的极限问题，所以其他很多的$\frac{0}{0}$型未定式极限都可考虑设法化到重要极限一的形式而得以解决。

显然有

$$\lim_{x\to 0}\frac{x}{\sin x}=\lim_{x\to 0}\frac{1}{\frac{\sin x}{x}}=\frac{1}{1}=1,\ \lim_{x\to 0}\frac{\tan x}{x}=\lim_{x\to 0}\frac{\sin x}{x}\cdot\frac{1}{\cos x}=1。$$

一般地，形如$\lim\frac{\sin\alpha(x)}{\alpha(x)}$的极限，如果当$x\to x_0$(或$x\to\infty$)时有$\alpha(x)\to 0$成立，由重要极限一则有$\lim\frac{\sin\alpha(x)}{\alpha(x)}=1$。

例 12 求$\lim\limits_{x\to 0}\frac{\sin 2x}{x}$。

解 $\lim\limits_{x\to 0}\frac{\sin 2x}{x}=\lim\limits_{x\to 0}\frac{2\sin 2x}{2x}=2$。

注：一定要符合重要极限形式。因为$x\to 0$时$2x\to 0$，按公式有$\lim\limits_{2x\to 0}\frac{\sin 2x}{2x}=1$。

也可用等价无穷小代换的方法，因为当$x\to 0$时，有$\sin 2x\sim 2x$，从而得

$$\lim_{x\to 0}\frac{\sin 2x}{x}=\lim_{x\to 0}\frac{2x}{x}=2。$$

此极限也可写为

$$\lim_{x\to 0}\frac{\sin 2x}{x}=\lim_{x\to 0}\frac{2\sin x\cos x}{x}=2\lim_{x\to 0}\frac{\sin x}{x}\lim_{x\to 0}\cos x=2\times 1\times 1=2。$$

例 13 求$\lim\limits_{x\to 0}\frac{x}{\tan x}$。

解一 $\lim\limits_{x\to 0}\frac{x}{\tan x}=\lim\limits_{x\to 0}\frac{x}{\sin x}\cdot\cos x=1$。

解二 $\lim\limits_{x\to 0}\frac{x}{\tan x}=\lim\limits_{x\to 0}\frac{x}{x}=1$。

例 14 求$\lim\limits_{x\to 0}\frac{1-\cos x}{x^2}$。

解一 $$\lim_{x\to 0}\frac{1-\cos x}{x^2}=\lim_{x\to 0}\frac{2\sin^2\frac{x}{2}}{x^2}=\frac{1}{2}\lim_{x\to 0}\frac{\sin^2\frac{x}{2}}{\left(\frac{x}{2}\right)^2}=\frac{1}{2}。$$

解二 $$\lim_{x\to 0}\frac{1-\cos x}{x^2}=\lim_{x\to 0}\frac{\frac{x^2}{2}}{x^2}=\frac{1}{2}。$$

例 15 求 $\lim\limits_{x\to 0}\dfrac{\sin ax}{\sin bx},(b\neq 0)$。

解一 $\lim\limits_{x\to 0}\dfrac{\sin ax}{\sin bx}=\lim\limits_{x\to 0}\dfrac{\sin ax/x}{\sin bx/x}=\lim\limits_{x\to 0}\dfrac{a}{b}\dfrac{\sin ax/ax}{\sin bx/bx}=\dfrac{a}{b}$。

解二 $\lim\limits_{x\to 0}\dfrac{\sin ax}{\sin bx}=\lim\limits_{x\to 0}\dfrac{ax}{bx}=\dfrac{a}{b}$。

例 16 求 $\lim\limits_{x\to\infty}x\sin\dfrac{2}{x}$。

解 $\lim\limits_{x\to\infty}x\sin\dfrac{2}{x}=\lim\limits_{x\to\infty}\dfrac{2\cdot\sin\dfrac{2}{x}}{\dfrac{2}{x}}=2$。

例 17 求 $\lim\limits_{x\to 0}\dfrac{\tan x-\sin x}{\sin^3 x}$。

解 $\lim\limits_{x\to 0}\dfrac{\tan x-\sin x}{\sin^3 x}=\lim\limits_{x\to 0}\dfrac{\tan x(1-\cos x)}{\sin^3 x}=\lim\limits_{x\to 0}\dfrac{x\cdot\dfrac{x^2}{2}}{x^3}=\dfrac{1}{2}$。

注意:无穷小等价代换只能对相乘或相除的无穷小进行,而对相加或相减的无穷小不能分别进行等价代换,否则就会产生错误。

在例 17 中,若用 $\sin x\sim x$, $\tan x\sim x$ 做等价无穷小代换,则有

$$\lim_{x\to 0}\frac{\tan x-\sin x}{\sin^3 x}=\lim_{x\to 0}\frac{0-0}{\sin^3 x}=0,$$

这样就错了。

【同步训练 2】

1. 求 $\lim\limits_{x\to\pi}\dfrac{\sin x}{x-\pi}$。

2. 求下列极限。

(1) $\lim\limits_{x\to 0}\dfrac{\sin 2x}{4x}$; (2) $\lim\limits_{x\to 0}\dfrac{\sin 5x}{\sin 3x}$; (3) $\lim\limits_{x\to\infty}x\sin\dfrac{1}{x}$。

2. 重要极限二：$\lim\limits_{x\to\infty}\left(1+\dfrac{1}{x}\right)^{x}=\mathrm{e}$　（e=2.71828…）

我们先来考察当 $x\to\infty$ 时，函数 $\left(1+\dfrac{1}{x}\right)^{x}$ 的变化趋势。先通过列出函数 $\left(1+\dfrac{1}{x}\right)^{x}$ 的函数值表（见表 1-1 和表 1-2）来观察其变化趋势。

表 1-1

x	10	100	1000	10000	100000	…
$\left(1+\dfrac{1}{x}\right)^{x}$	2.594	2.705	2.717	2.7181	2.71828	…

表 1-2

x	−10	−100	−1000	−10000	−100000	…
$(1+\dfrac{1}{x})^{x}$	2.88	2.732	2.720	2.7183	2.71828	…

从表中明显可以看出，当 $x\to\infty$ 时，函数 $\left(1+\dfrac{1}{x}\right)^{x}$ 的变化趋势。可以证明当 $x\to\infty$ 时，函数 $\left(1+\dfrac{1}{x}\right)^{x}$ 趋近于无理数 2.718281828… ，即自然对数的底 e，即

$$\lim_{x\to\infty}(1+\frac{1}{x})^{x}=\mathrm{e}。$$

由于重要极限二本身就是 1^{∞} 型未定式的极限问题，所以其他很多的 1^{∞} 型未定式极限都可考虑设法化到重要极限二的形式而得以解决。

一般地，形如 $\lim\left(1+\dfrac{1}{\alpha(x)}\right)^{\alpha(x)}$ 的极限，如果当 $x\to x_0$（或 $x\to\infty$）时，有 $\alpha(x)\to\infty$ 成立，由重要极限二则有 $\lim\left(1+\dfrac{1}{\alpha(x)}\right)^{\alpha(x)}=\mathrm{e}$。应该注意的是该式中底数第二项的分母与幂指数必须为相同函数。我们不难写出重要极限二的等价形式为 $\lim\limits_{x\to0}(1+x)^{\frac{1}{x}}=\mathrm{e}$。

这是因为 令 $x=\dfrac{1}{t}$，则 $\dfrac{1}{x}=t$，且当 $x\to0$ 时有 $t\to\infty$，故

$$\lim_{x\to0}(1+x)^{\frac{1}{x}}=\lim_{t\to\infty}\left(1+\frac{1}{t}\right)^{t}=\mathrm{e}。$$

例 18　求 $\lim\limits_{x\to\infty}\left(1+\dfrac{2}{x}\right)^{x}$。

解　$\lim\limits_{x\to\infty}\left(1+\dfrac{2}{x}\right)^{x}=\lim\limits_{x\to\infty}\left[\left(1+\dfrac{1}{x/2}\right)^{\frac{x}{2}}\right]^{2}$，

令 $\dfrac{x}{2}=t$，则当 $x\to\infty$ 时，有 $t\to\infty$，所以

$$\lim_{x\to\infty}\left(1+\frac{2}{x}\right)^{x}=\lim_{t\to\infty}\left[\left(1+\frac{1}{t}\right)t\right]^{2}=e^{2}。$$

我们知道当 $x\to\infty$ 时，有 $\frac{x}{2}\to\infty$，也可直接写成下列形式：

$$\lim_{x\to\infty}\left(1+\frac{2}{x}\right)^{x}=\lim_{x\to\infty}\left[\left(1+\frac{1}{x/2}\right)^{\frac{x}{2}}\right]^{2}=e^{2}。$$

例 19 求 $\lim_{x\to\infty}\left(1-\frac{3}{x}\right)^{x}$。

解 $\lim_{x\to\infty}\left(1-\frac{3}{x}\right)^{x}=\lim_{x\to\infty}\left(\left(1+\frac{1}{-x/3}\right)^{-\frac{x}{3}}\right)^{-3}=e^{-3}$。

例 20 求 $\lim_{x\to 0}(1-3x)^{\frac{1}{x}}$。

解 $\lim_{x\to 0}(1-3x)^{\frac{1}{x}}=\lim_{x\to 0}((1+(-3x))^{\frac{1}{-3x}})^{-3}$，

令 $-3x=t$，则当 $x\to 0$ 时，有 $t\to 0$，所以

$$\lim_{x\to 0}(1-3x)^{\frac{1}{x}}=\lim_{t\to 0}((1+t)^{\frac{1}{t}})^{-3}=e^{-3}。$$

通过上面例题，我们可知，重要极限二与自变量的变化趋势无关，只要符合 $(1+0)^{\infty}$ 这种结构，且其中无穷小量与无穷大量为倒数关系即可。

例 21 求 $\lim_{x\to\infty}\left(1-\frac{1}{3x}\right)^{x}$。

解 $\lim_{x\to\infty}\left(1-\frac{1}{3x}\right)^{x}=\lim_{x\to\infty}\left(\left(1+\left(-\frac{1}{3x}\right)\right)^{-3x}\right)^{-\frac{1}{3}}=e^{-\frac{1}{3}}$。

例 22 求 $\lim_{x\to\infty}\left(1-\frac{1}{x}\right)^{2x+3}$。

解 $\lim_{x\to\infty}\left(1-\frac{1}{x}\right)^{2x+3}=\lim_{x\to\infty}\left(1-\frac{1}{x}\right)^{2x}\lim_{x\to\infty}\left(1-\frac{1}{x}\right)^{3}=\lim_{x\to\infty}\left[\left(1+\frac{1}{-x}\right)^{-x}\right]^{-2}\times 1=e^{-2}$。

【同步训练 3】

求 $\lim_{n\to\infty}\left(\frac{2n-1}{2n+1}\right)^{n}$。

习题 1.3

1. 求下列极限。

(1) $\lim\limits_{x\to -2}(2x^2-5x+2)$；

(2) $\lim\limits_{x\to -3}\dfrac{x^2-9}{x+3}$；

(3) $\lim\limits_{x\to 1}\dfrac{x^2-1}{2x^2-x-1}$；

(4) $\lim\limits_{x\to \infty}\dfrac{2x+3}{7x-5}$；

(5) $\lim\limits_{x\to \infty}\dfrac{5x^4-3x^2+6x}{6x^4+4x^2+100}$；

(6) $\lim\limits_{x\to 0}\left(\dfrac{1}{x(x+2)}-\dfrac{1}{2x}\right)$；

(7) $\lim\limits_{n\to \infty}\dfrac{2^{n+1}+3^{n+1}}{2^n+3^n}$；

(8) $\lim\limits_{x\to 0}\dfrac{x^2}{\sqrt{x^2+1}-1}$。

2. 若 $\lim\limits_{x\to 3}\dfrac{x^2-2x+k}{x-3}=4$，求 k 的值。

3. 求下列极限。

(1) $\lim\limits_{x\to 0}\dfrac{\sin 3x}{5x}$；

(2) $\lim\limits_{x\to 0}\dfrac{\sin 2x}{\sin 3x}$；

(3) $\lim\limits_{x\to \infty}x\sin\dfrac{1}{x}$；

(4) $\lim\limits_{x\to \infty}\left(1-\dfrac{1}{3x}\right)^{5x}$；

(5) $\lim\limits_{x\to 0}(1-2x)^{\frac{1}{x}}$；

(6) $\lim\limits_{x\to \infty}\left(\dfrac{3+x}{2+x}\right)^{2x}$。

本节【同步训练 1】答案

1. (1) -1；　(2) $\dfrac{3}{5}$；　(3) 2；

(4) $\dfrac{1}{3}$；　(5) $\dfrac{3}{2}$；　(6) -4。

2. $a=0$，$b=18$。

本节【同步训练 2】答案

1. $\lim\limits_{x\to \pi}\dfrac{\sin x}{x-\pi}=\lim\limits_{x\to \pi}\dfrac{\sin(\pi-x)}{x-\pi}\xlongequal{t=\pi-x}\lim\limits_{t\to 0}\dfrac{\sin t}{-t}=-1$。

2. (1) $\dfrac{1}{2}$；　(2) $\dfrac{5}{3}$；　(3) 1。

本节【同步训练 3】答案

$\lim\limits_{n\to \infty}\left(\dfrac{2n-1}{2n+1}\right)^n=\lim\limits_{n\to \infty}\left(1-\dfrac{2}{2n+1}\right)^n=\lim\limits_{x\to \infty}\left(1-\dfrac{1}{n+1/2}\right)^{n+\frac{1}{2}}\cdot\left(1-\dfrac{1}{n+1/2}\right)^{-\frac{1}{2}}=\dfrac{1}{\mathrm{e}}\cdot 1^{-\frac{1}{2}}=\dfrac{1}{\mathrm{e}}$。

§1.4 函数的连续性

1.4.1 函数连续性概念

在日常生活中有许多变量的变化都是连续不断的，如气温的变化、植物的生长、空气的流动等。这些现象反映在数学上就是函数的连续性。

下面首先介绍函数改变量的概念和记号。

1. 函数的改变量（或函数的增量）

定义 1 设有函数 $y=f(x)$（见图 1-16），自变量 x 由初值 x_0 变到终值 x_1，终值与初值之差 x_1-x_0 称为 x 的改变量（或增量），记为 Δx，即 $\Delta x=x_1-x_0$；相应地，函数值也由 $f(x_0)$ 变化到 $f(x_0+\Delta x)$，把 $\Delta y=f(x_0+\Delta x)-f(x_0)$ 叫作函数 $y=f(x)$ 的**改变量**（或**增量**）。

注意：Δx 和 Δy 可以是正的，也可以是负的，Δy 也可为零。

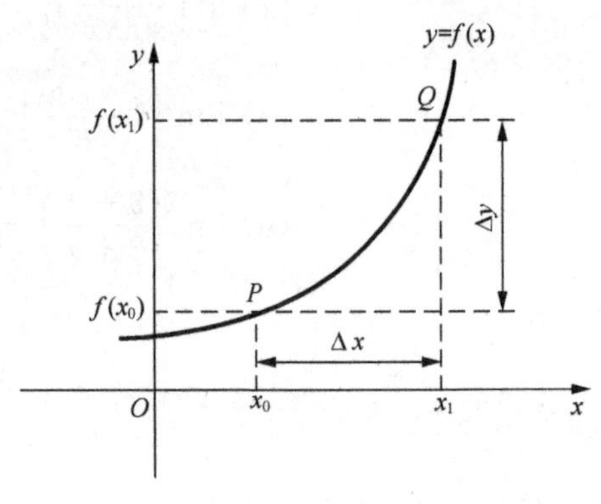

图 1-16

2. 函数连续的定义

定义 2 设函数 $y=f(x)$ 在点 x_0 及其附近有定义，如果当自变量 x 在 x_0 处的改变量 Δx 趋于零时，相应函数的改变量 Δy 也趋于零，即

$$\lim_{\Delta x \to 0} \Delta y = 0 ,$$

则称函数 $y=f(x)$ **在点 x_0 处连续**。

由于 $\lim\limits_{\Delta x \to 0} \Delta y = \lim\limits_{\Delta x \to 0} [f(x_0+\Delta x)-f(x_0)]=0$，令 $x_0+\Delta x=x$，则当 $\Delta x \to 0$ 时，有 $x \to x_0$，所以 $\lim\limits_{\Delta x \to 0} [f(x)-f(x_0)]=0$，即 $\lim\limits_{x \to x_0} f(x)=f(x_0)$。因此，函数 $y=f(x)$ 在点 x_0 处连续的定义还可以叙述如下。

定义 3 设函数 $y=f(x)$ 在点 x_0 及其附近有定义，且有 $\lim\limits_{x \to x_0} f(x)=f(x_0)$，则称函数

$y=f(x)$ **在点** x_0 **处连续**。

定义 4 如果函数 $y=f(x)$ 在区间 (a,b) 内任何一点都连续，则称 $y=f(x)$ 在区间 (a,b) 内连续，并称 (a,b) 是 $y=f(x)$ 的**连续区间**。

1.4.2 函数的间断点

由定义 3 可知函数 $y=f(x)$ 在点 x_0 处连续必须同时满足 3 个条件：

(1) 函数 $y=f(x)$ 在点 x_0 及其附近有定义；

(2) 极限 $\lim\limits_{x \to x_0} f(x)$ 存在；

(3) $\lim\limits_{x \to x_0} f(x)=f(x_0)$。

如果上述 3 个条件有一个不满足，则称函数 $y=f(x)$ 在点 x_0 不连续(或间断)，x_0 称为函数 $y=f(x)$ 的**间断点**。

例如，函数 $y=f(x)=\dfrac{1}{x-1}$ 在 $x=1$ 处间断(不连续)，$x=1$ 是此函数的间断点。

例 1 设函数 $f(x)=\begin{cases} x+2, x \geqslant 1, \\ 3x, x<1, \end{cases}$ 讨论函数 $f(x)$ 在 $x=1$ 处是否连续。

解 分别求当 $x \to 1$ 时的左、右极限。

$$\lim_{x \to 1^-} f(x)=\lim_{x \to 1^-}(3x)=3，\lim_{x \to 1^+} f(x)=\lim_{x \to 1^+}(x+2)=3。$$

左、右极限各自存在且相等，所以 $\lim\limits_{x \to 1} f(x)$ 存在，且 $\lim\limits_{x \to 1} f(x)=3$。

又因为 $f(1)=1+2=3$，可知，函数 $f(x)$ 在 $x=1$ 处连续。

例 2 设函数 $f(x)=\begin{cases} x+1, x>0, \\ 2, x=0, \\ e^x, x<0, \end{cases}$，讨论函数 $f(x)$ 在 $x=0$ 处是否连续。

解 因为函数 $f(x)$在 $x=0$ 处有定义，且 $f(0)=2$，当 $x \to 0$ 时 $f(x)$的左、右极限分别为

$$\lim_{x \to 0^-} f(x)=\lim_{x \to 0^-} e^x=\lim_{x \to 0^-} e^0=1，$$

$$\lim_{x \to 0^+} f(x)=\lim_{x \to 0^+}(x+1)=\lim_{x \to 0^+}(0+1)=1。$$

左、右极限相等，函数 $f(x)$在 $x=0$ 处极限存在但不等于函数值，所以函数 $f(x)$在 $x=0$ 处不连续。$x=0$ 是函数 $f(x)$的间断点，函数图像如图 1-17 所示。

例 3 已知函数 $f(x)=\begin{cases} 2x^2+1, x<0, \\ 5x+k, x \geqslant 0 \end{cases}$ 在 $x=0$ 处连续，求 k 的值。

解 $\lim\limits_{x \to 0^-} f(x)=\lim\limits_{x \to 0^-}(2x^2+1)=1$，$\lim\limits_{x \to 0^+} f(x)=\lim\limits_{x \to 0^+}(5x+k)=k=f(0)$。

因为函数 $f(x)$ 在 $x=0$ 处连续，则必有 $\lim\limits_{x \to 0^-} f(x)=\lim\limits_{x \to 0^+} f(x)=f(0)$，所以 $k=1$。

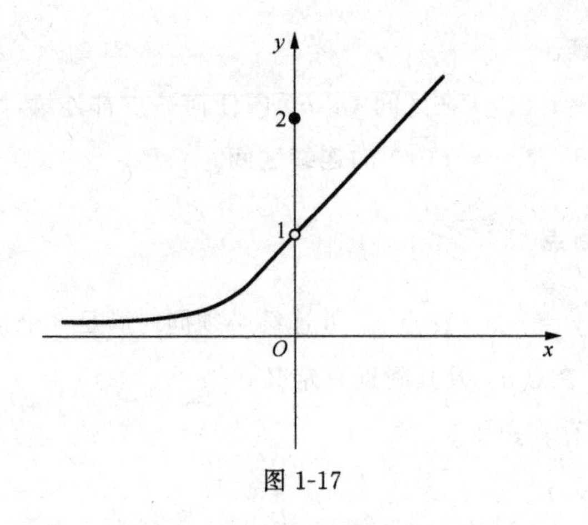

图 1-17

【同步训练】

1. 讨论函数

$$f(x)=\begin{cases}x-1, & x<0,\\ 0, & x=0,\\ x+1, & x>0,\end{cases}$$

在 $x=0$ 处是否连续，为什么？

2. 设 $f(x)=\begin{cases}x\sin\dfrac{1}{x}+a, & x<0,\\ b+1, & x=0,\\ x^2-1, & x>0,\end{cases}$ 试求当 a,b 为何值时，函数 $f(x)$ 在 $x=0$ 处连续。

1.4.3 初等函数的连续性

1. 连续函数的四则运算法则

定理1 若函数 $f(x)$ 与 $g(x)$ 在 x_0 处连续，则这两个函数的和 $f(x)+g(x)$、差 $f(x)-g(x)$、乘积 $f(x)\cdot g(x)$、商 $\dfrac{f(x)}{g(x)}$（当 $g(x_0)\neq 0$ 时）在点 x_0 处连续。

证明 只证函数的和 $f(x)+g(x)$ 在点 x_0 处连续。其他情形类似。

因为函数 $f(x)$ 与 $g(x)$ 在 x_0 处连续，所以

$$\lim_{x\to x_0} f(x)=f(x_0)\ ,\ \lim_{x\to x_0} g(x)=g(x_0)\ ,$$

根据极限的运算法则，有

$$\lim_{x\to x_0}[f(x)+g(x)]=\lim_{x\to x_0} f(x)+\lim_{x\to x_0} g(x)=f(x_0)+g(x_0)\ ,$$

再由连续定义可知，函数的和 $f(x)+g(x)$ 在点 x_0 处连续。

定理1表明，连续函数的和、差、积、商仍然是连续函数。

2. 复合函数的连续性

定理2 设函数 $y=f(u)$在点 u_0 处连续，函数 $u=\varphi(x)$在点 x_0 处连续，且 $u_0=\varphi(x_0)$，则复合函数 $y=f(\varphi(x))$ 在点 x_0 处连续，即

$$\lim_{x\to x_0} f(\varphi(x))=f(\lim_{x\to x_0}\varphi(x))=f(\varphi(x_0))\ 。$$

定理2表明，连续函数的复合函数仍然是连续函数。同时也表明，当满足该定理的条件时，函数符号 f 和极限符号 lim 可以交换运算顺序。

例4 求极限 $\lim\limits_{x\to 0} e^{\ln(1-\sin x)}$ 。

解 $\lim\limits_{x\to 0} e^{\ln(1-\sin x)}=e^{\lim\limits_{x\to 0}\ln(1-\sin x)}=e^{\ln(1-\sin 0)}=e^0=1$。

利用复合函数的极限运算和复合函数的连续性，§1.3节中例22求极限 $\lim\limits_{x\to\infty}\left(1-\dfrac{1}{x}\right)^{2x+3}$ 有了新的解法：

$$\lim_{x\to\infty}\left(1-\frac{1}{x}\right)^{2x+3}=\lim_{x\to\infty}\left[\left(1+\frac{1}{-x}\right)^{-x}\right]^{-\frac{2x+3}{x}}=e^{\lim\limits_{x\to\infty}-\frac{2x+3}{x}}=e^{-2}\ 。$$

3. 初等函数的连续性

可以证明：初等函数在其有定义的区间（简称定义区间）内是连续的。而基本初等函数在其定义域内连续，因此求基本初等函数的连续区间，就是求它的定义域。

因此，求初等函数在其定义区间内某点的极限时，只要求其在该点的函数值即可。

例5 求极限 $\lim\limits_{x\to 3}\sqrt{2x^2+3x-2}$ 。

解 因为 $x=3$ 是函数 $\sqrt{2x^2+3x-2}$ 的一个定义区间 $(1,5)$ 内的点，

所以 $\lim\limits_{x\to 3}\sqrt{2x^2+3x-2}=\sqrt{2\times 3^2+3\times 3-2}=\sqrt{25}=5$。

例 6 求极限 $\lim\limits_{x\to\frac{\pi}{4}}\ln\sin x$ 。

解 因为 $x=\dfrac{\pi}{4}$ 是函数 $\ln\sin x$ 的一个定义区间 $(0,\pi)$ 内的点，

所以 $\lim\limits_{x\to\frac{\pi}{4}}\ln\sin x=\ln\sin\dfrac{\pi}{4}=\ln\dfrac{\sqrt{2}}{2}=-\dfrac{1}{2}\ln 2$。

1.4.4 闭区间上连续函数的性质

闭区间上的连续函数具有一些重要性质，这些性质在几何直观上比较明显，下面我们不加证明地直接给出结论。

定理 3(最大值和最小值定理) 若函数 $f(x)$ 在闭区间 $[a,b]$ 上连续，则函数 $f(x)$ 在这个区间上一定有最大值和最小值。

定理 4(介值定理) 若函数 $f(x)$ 在闭区间 $[a,b]$ 上连续，m 和 M 分别为函数 $f(x)$ 在区间 $[a,b]$ 上的最小值和最大值，则对介于 m 和 M 之间的任一实数 K，至少存在一点 $\xi\in(a,b)$，使得 $f(\xi)=K$。

推论(零点定理) 若函数 $f(x)$ 在闭区间 $[a,b]$ 上连续，且 $f(a)$ 与 $f(b)$ 异号，则至少存在一点 $\xi\in(a,b)$，使得 $f(\xi)=0$。(见图 1-18)

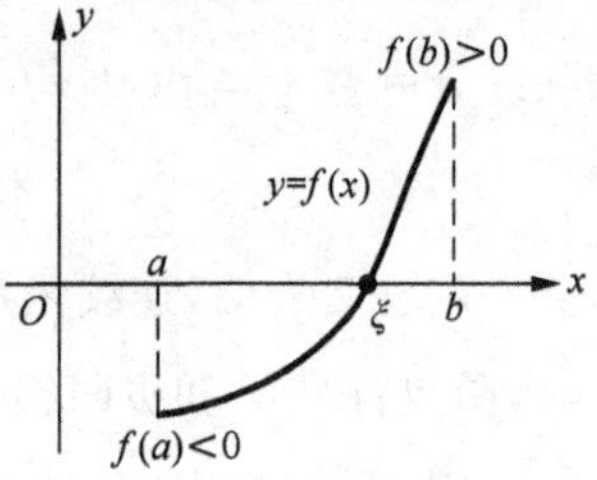

图 1-18

例 7 证明 3 次代数方程 $x^3-4x+1=0$ 在区间 $(0,1)$ 内至少有一个实根。

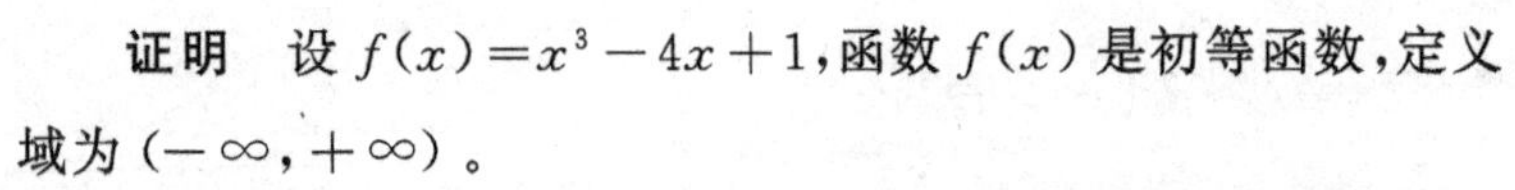

证明 设 $f(x)=x^3-4x+1$，函数 $f(x)$ 是初等函数，定义域为 $(-\infty,+\infty)$。

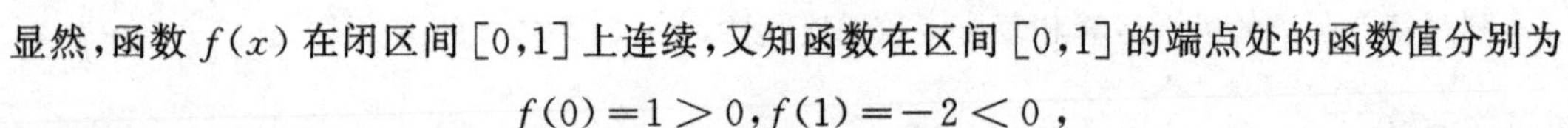

显然，函数 $f(x)$ 在闭区间 $[0,1]$ 上连续，又知函数在区间 $[0,1]$ 的端点处的函数值分别为

$$f(0)=1>0,f(1)=-2<0,$$

根据零点定理，至少存在一点 $\xi\in(0,1)$，使得 $f(\xi)=0$。

从而可知方程 $x^3-4x+1=0$ 在区间 $(0,1)$ 内至少有一个实根 ξ。

习题 1.4

1. 指出下列函数的间断点。

(1) $y=\dfrac{1}{x+1}$； (2) $y=\dfrac{x^2-9}{x-3}$； (3) $y=x\sin\dfrac{1}{x}$。

2. 判断函数 $f(x)=\begin{cases}x+2, & x>2,\\ x^2, & x\leqslant 2\end{cases}$ 在 $x=2$ 处是否连续。

3. 作函数 $f(x)=\begin{cases}x-1, & x\leqslant 2,\\ x+3, & x>2\end{cases}$ 的图像，并讨论函数在 $x=2$ 处的连续性。

4. 设函数 $f(x)=\begin{cases}\dfrac{e^{2x}-1}{\sin x}, & x<0,\\ x+a, & x<1,\end{cases}$ 当常数 a 为何值时函数 $f(x)$ 连续？

5. 证明方程 $\sin x=x-1$ 在区间 $(0,\pi)$ 内至少有一个实根。

本节【同步训练】答案

1. $\lim\limits_{x\to 0^-}f(x)=\lim\limits_{x\to 0^-}(0-1)=-1$，$\lim\limits_{x\to 0^+}f(x)=\lim\limits_{x\to 0^+}(0+1)=1$，

左、右极限不相等，所以 $\lim\limits_{x\to 0}f(x)$ 不存在，函数 $f(x)$ 在 $x=0$ 处不连续。函数图像如图 1-19 所示。

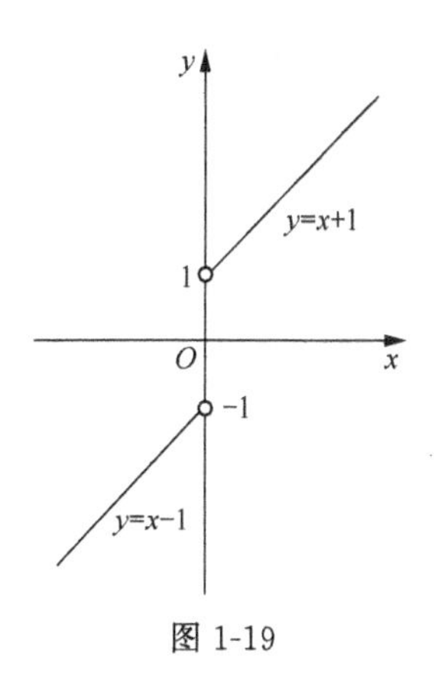

图 1-19

2. $a=-1$，$b=-2$。

第 2 章　导数与微分

【学习目标】

理解求导公式和求导法则。

掌握利用求导公式和求导法则求函数导数的方法。

理解复合函数求导法则,并会用法则求函数导数。

理解微分的概念,会求函数微分。会利用微分解决实际应用问题。

导数与微分是微分学中的两个重要概念。导数是从研究函数相对于自变量的变化率的问题中抽象出来的数学概念;微分则是与导数密切相关,反映当自变量有微小变化时,函数值的变化情况。在本章中,除了介绍导数与微分的基本概念之外,还将建立起一套关于导数与微分的计算公式和法则。

§2.1　导数的概念

2.1.1　导数概念的引入

1. 速度问题

设一质点做变速直线运动,其运动方程为 $s=\frac{1}{2}gt^2$,其中 t 是时间,s 是路程,g 为常数,试求在 t_0 时刻的瞬时速度 $v(t_0)$ 。

设从 t_0 变化到 $t_0+\Delta t$ 时的平均速度为 $\overline{v}$,即

$$\overline{v}=\frac{\Delta s}{\Delta t}=\frac{s(t_0+\Delta t)-s(t_0)}{\Delta t}=\frac{\frac{1}{2}g\ (t_0+\Delta t)^2-\frac{1}{2}gt_0^2}{\Delta t}=gt_0+\frac{1}{2}g\Delta t\ 。$$

可以认为
$$v(t_0)=\lim_{\Delta t\to 0}\overline{v}=\lim_{\Delta t\to 0}\frac{\Delta s}{\Delta t}=\lim_{\Delta t\to 0}\frac{s(t_0+\Delta t)-s(t_0)}{\Delta t}$$
$$=\lim_{\Delta t\to 0}\left(gt_0+\frac{1}{2}g\Delta t\right)=gt_0。$$

2. 切线问题

求曲线 $y=f(x)$ 在点 $M(x_0,y_0)$ 处的切线方程。

过点 M 作曲线的割线 MN ,交曲线于点 $N(x_0+\Delta x,y_0+\Delta y)$,如图 2-1 所示。当点

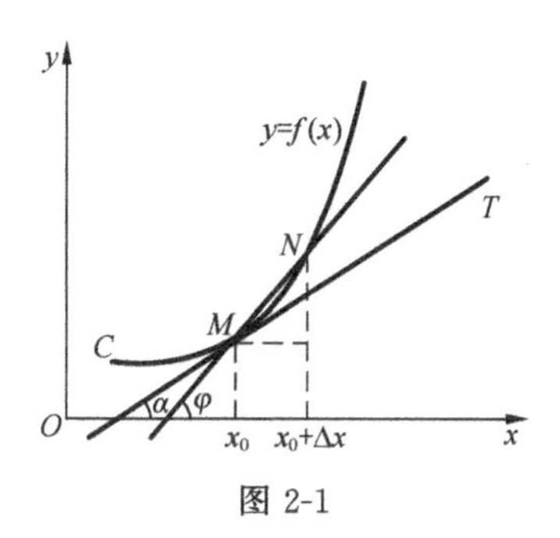

图 2-1

N 沿曲线接近于点 M 时，割线将接近于切线，特别地，当 $\Delta x \to 0$ 时，割线的极限位置就是切线，即切线的斜率是割线斜率的极限。也就是

$$k=\lim_{\Delta x \to 0} k_{MN}=\lim_{\Delta x \to 0}\frac{\Delta y}{\Delta x}=\lim_{\Delta x \to 0}\frac{f(x_0+\Delta x)-f(x_0)}{\Delta x}。$$

这样就可以写出切线 MT 的方程。

以上两个问题，虽然具体意义不同，但解决的方式相似，都可归结为函数增量与自变量增量的比的极限，由此得到导数的定义。

2.1.2 导数的定义

定义 设函数 $y=f(x)$ 在点 x_0 的某个邻域内有定义，当自变量 x 在点 x_0 处有增量 Δx 时，相应的函数增量为 $\Delta y=f(x_0+\Delta x)-f(x_0)$ ，当 $\Delta x \to 0$ 时，若 $\frac{\Delta y}{\Delta x}$ 的极限存在，则称函数 $y=f(x)$ 在点 x_0 处可导，极限值称为函数 $y=f(x)$ 在点 x_0 处的导数值，记作 $f'(x_0)$ ，也可记为 $y'|_{x=x_0}$ ，即

$$f'(x_0)=\lim_{\Delta x \to 0}\frac{\Delta y}{\Delta x}=\lim_{\Delta x \to 0}\frac{f(x_0+\Delta x)-f(x_0)}{\Delta x}。$$

如果极限不存在，则称函数 $y=f(x)$ 在点 x_0 处不可导。

若函数 $y=f(x)$ 在区间 I 内的每一点可导，则称函数 $y=f(x)$ 在区间 I 内可导，对区间 I 内的每一个点 x 都有导数 $f'(x)$（或记作 y'），即

$$y'=f'(x)=\lim_{\Delta x \to 0}\frac{f(x+\Delta x)-f(x)}{\Delta x}。$$

此时 $f'(x)$ 也是 x 的函数，称为函数 $y=f(x)$ 的**导函数**，简称**导数**。

显然，函数 $y=f(x)$在点 x_0 处的导数值 $f'(x_0)$就是导函数 $f'(x)$在点 x_0 处的函数值，即

$$f'(x_0)=f'(x)|_{x=x_0}。$$

根据函数在点 x_0 处可导、连续的定义，不难证明函数 $y=f(x)$ 在点 x_0 处可导与连续

有如下关系。

定理 函数 $y=f(x)$ 在点 x_0 处可导,则函数 $y=f(x)$ 在点 x_0 处连续。

但是值得注意的是:函数 $y=f(x)$ 在点 x_0 处连续,不一定在该点可导。

2.1.3 导数的几何意义

由上面的切线问题易知,函数 $y=f(x)$ 在点 $x=x_0$ 处的导数值 $f'(x_0)$ 在几何上就是 $f(x)$ 所表示的曲线在点 (x_0,y_0) 处的切线的斜率,这就是导数的几何意义。由此可得曲线 $y=f(x)$ 在点 (x_0,y_0) 处的切线方程为

$$y-y_0=f'(x_0)(x-x_0)\ 。$$

过切点且与切线垂直的直线称为该切点处的法线,显然该切点处的法线方程为

$$y-y_0=-\frac{1}{f'(x_0)}(x-x_0)\ 。$$

例 1 求函数 $y=kx+b$ 的导数。

解 $y'=\lim\limits_{\Delta x\to 0}\dfrac{\Delta y}{\Delta x}=\lim\limits_{\Delta x\to 0}\dfrac{k(x+\Delta x)+b-(kx+b)}{\Delta x}=\lim\limits_{\Delta x\to 0}k=k$ 。

例 2 求函数 $y=\sqrt{x}$ 的导数。

解 因为

$$\lim_{\Delta x\to 0}\frac{\Delta y}{\Delta x}=\lim_{\Delta x\to 0}\frac{\sqrt{x+\Delta x}-\sqrt{x}}{\Delta x}=\lim_{\Delta x\to 0}\frac{\Delta x}{\Delta x\left(\sqrt{x+\Delta x}+\sqrt{x}\right)}$$

$$=\lim_{\Delta x\to 0}\frac{1}{\sqrt{x+\Delta x}+\sqrt{x}}=\frac{1}{2\sqrt{x}},$$

所以

$$f'(x)=(\sqrt{x})'=\frac{1}{2\sqrt{x}}\ 。$$

例 3 求曲线 $f(x)=x^2+2x+3$ 在 $(1,6)$ 处的切线方程和法线方程。

解 $f'(x)=\lim\limits_{\Delta x\to 0}\dfrac{f(x+\Delta x)-f(x)}{\Delta x}=\lim\limits_{\Delta x\to 0}\dfrac{(x+\Delta x)^2+2(x+\Delta x)+3-(x^2+2x+3)}{\Delta x}$

$=\lim\limits_{\Delta x\to 0}(2x+2+\Delta x)=2x+2$。

由导数的几何意义知,切线的斜率为 $k=f'(1)=4$。

所以所求切线方程为 $y-6=4(x-1)$,即 $y=4x+2$。

法线方程为 $y-6=-\dfrac{1}{4}(x-1)$,即 $y=-\dfrac{1}{4}x+\dfrac{25}{4}$ 。

【同步训练】

1. 填空。

(1)$C'=$________(C 为常数); (2) $(kx+b)'=$________(k 、b 为常数)。

2. 用导数定义求函数 $f(x)=\frac{1}{x}$ 的导数，并求 $f'(3)$的值。

3. 已知函数 $y=\sin x$ 的导数为 $y'=\cos x$，求曲线 $y=\sin x$ 在点$(\pi,0)$处的切线方程和法线方程。

习题 2.1

1. 已知函数 $f(x)=2x^2$，按导数定义求 $f'(x)$，并求函数图像在$(-1,2)$处的切线方程和法线方程。

2. 求曲线 $y=\frac{1}{x}$ 上一点，使在该点处的切线平行于直线 $y=-2x+3$。

3. 求证函数 $y=x^4$ 的导数为 $y'=4x^3$。

本节【同步训练】答案

1. (1)0；　　(2) k 。

2. $y'=f'(x)=\lim\limits_{\Delta x\to 0}\frac{f(x+\Delta x)-f(x)}{\Delta x}=\lim\limits_{\Delta x\to 0}\frac{\frac{1}{x+\Delta x}-\frac{1}{x}}{\Delta x}=\lim\limits_{\Delta x\to 0}\frac{-1}{x(x+\Delta x)}=-\frac{1}{x^2}$，

$f'(3)=-\frac{1}{9}$。

3. $y'=\cos x$，$y'(\pi)=\cos\pi=-1$。

切线方程为　$y=-(x-\pi)=-x+\pi$。

法线方程为　$y=x-\pi$。

§2.2 函数的和、差、积、商的求导法则

以下直接给出基本初等函数的求导公式及函数的和、差、积、商的求导法则。

2.2.1 基本初等函数的求导公式

(1) $(C)'=0$；

(2) $(x^{\mu})'=\mu x^{\mu-1}$（μ 为实数）；

(3) $(a^x)'=a^x\ln a\,(a>0,a\neq 1)$；

(4) $(e^x)'=e^x$；

(5) $(\log_a x)'=\dfrac{1}{x\ln a}(a>0,a\neq 1)$；

(6) $(\ln x)'=\dfrac{1}{x}$；

(7) $(\sin x)'=\cos x$；

(8) $(\cos x)'=-\sin x$；

(9) $(\tan x)'=\sec^2 x$；

(10) $(\cot x)'=-\csc^2 x$；

(11) $(\sec x)'=\sec x\tan x$；

(12) $(\csc x)'=-\csc x\cot x$；

(13) $(\arcsin x)'=\dfrac{1}{\sqrt{1-x^2}}$；

(14) $(\arccos x)'=-\dfrac{1}{\sqrt{1-x^2}}$；

(15) $(\arctan x)'=\dfrac{1}{1+x^2}$；

(16) $(\text{arccot}\, x)'=-\dfrac{1}{1+x^2}$。

2.2.2 函数和、差、积、商的求导法则

设函数 $u(x)$、$v(x)$ 可导，则有

(1) $[u(x)\pm v(x)]'=u(x)'\pm v(x)'$。

(2) $[u(x)v(x)]'=u'(x)v(x)+u(x)v'(x)$。

特别地，$[cv(x)]'=cv'(x)$，c 为常数。

可推广到三个函数相乘的情形：

$[u(x)v(x)t(x)]'=u'(x)v(x)t(x)+u(x)v'(x)t(x)+u(x)v(x)t'(x)$。

(3) $\left[\dfrac{u(x)}{v(x)}\right]'=\dfrac{u'(x)v(x)-u(x)v'(x)}{v^2(x)}\ (v\neq 0)$。

特别地，$\left[\dfrac{1}{v(x)}\right]'=-\dfrac{v'(x)}{v^2(x)}$。

例 1 已知函数 $y=3x^2-\sin x-1$，求 y'。

解 $y'=(3x^2)'-(\sin x)'-1'=6x-\cos x$。

例 2 已知函数 $y=5^x\ln x+\dfrac{1}{\sqrt{x}}$，求 y'。

解 $y'=(5^x)'\ln x+5^x(\ln x)'+(x^{-\frac{1}{2}})'=5^x\ln 5\cdot\ln x+\dfrac{5^x}{x}-\dfrac{1}{2x\sqrt{x}}$。

例 3 已知函数 $y=\dfrac{2e^x}{\cos x-1}$，求 y'。

解 $y'=2\dfrac{e^x(\cos x-1)-e^x(-\sin x)}{(\cos x-1)^2}=2e^x\dfrac{\cos x-1+\sin x}{(\cos x-1)^2}$。

例 4 已知函数 $y=\tan x$，求 y'。

解 $y'=\left(\dfrac{\sin x}{\cos x}\right)'=\dfrac{\cos x\cdot\cos x-\sin x\cdot(-\sin x)}{\cos^2 x}=\dfrac{1}{\cos^2 x}=\sec^2 x$。

读者可自行验证函数 $y=\cot x$，$y=\sec x$，$y=\csc x$ 的导数公式。

例 5 已知函数 $y=x^2e^x\arctan x$，求 y'。

解
$$\begin{aligned}y'&=(x^2)'e^x\arctan x+x^2(e^x)'\arctan x+x^2e^x(\arctan x)'\\&=2xe^x\arctan x+x^2e^x\arctan x+x^2e^x\frac{1}{1+x^2}\\&=(2x+x^2)e^x\arctan x+\frac{x^2e^x}{1+x^2}。\end{aligned}$$

例 6 求曲线 $y=3\sin x+e^x$ 在点 $(0,1)$ 处的切线方程和法线方程。

解 $y'=3\cos x+e^x$，当 $x=0$ 时，$k=y'=4$，

所以所求切线方程为

$$y-1=4(x-0)，即\ y=4x+1，$$

法线方程为

$$y-1=-\frac{1}{4}(x-0)，即\ y=-\frac{1}{4}x+1。$$

【同步训练】

1. 填空。

(1) $(\sqrt[3]{x^2})'=$________； (2) $(3^x)'=$________；

(3) $\left(\sin\dfrac{\pi}{3}\right)'=$________； (4) $(\lg x)'=$________。

2. 求下列函数的导数。

(1) $y=6x^3-7e^x+15$； (2) $y=2\sin x\cos x$；

(3) $y=\dfrac{1+\ln x}{1-\ln x}$；

(4) $y=(x+1)(x+2)(x+3)$。

习题 2.2

1. 求下列函数的导数。

(1) $y=6x^3+3x^2-\dfrac{2}{x^2}$；

(2) $y=\sqrt{x}-\dfrac{1}{\sqrt{x}}+\sqrt{2}$；

(3) $y=3\sqrt[3]{x}-\dfrac{1}{2x\sqrt{x}}+4$；

(4) $y=3\sin x+2\ln x+\cos\dfrac{\pi}{3}$；

(5) $y=\sec x(\tan x+1)$；

(6) $y=x^5+5^x$；

(7) $y=\dfrac{\cos x}{1+\sin x}$；

(8) $y=x^2\sin x$；

(9) $y=x\arccos x\ln x$；

(10) $y=x^3\ln x$；

(11) $y=\dfrac{2x}{1-x^2}$；

(12) $y=x\sec x+\tan x$；

(13) $y=e^x(\sin x-\cos x)$；

(14) $y=\dfrac{\ln x}{x}$；

(15) $y=\dfrac{\tan x+1}{\tan x}$；

(16) $y=\dfrac{\sin x}{1+\cos x}$；

(17) $y=\dfrac{1}{x^2}(\ln x+\sqrt{x})-\cos 6$；

(18) $y=\dfrac{1+\sin x}{1+\cos x}$；

(19) $y=x(x+3)(\cos x+1)$；

(20) $y=2e^x\cos x$。

2. 求下列导数值。

(1) 已知函数 $f(x)=2x^3+3x^2+6x$，求 $f'(0)$、$f'(1)$；

(2) 已知函数 $f(x)=e^x\sin x$，求 $f'(\pi)$；

(3) 已知函数 $f(x)=x^3\ln x$，求 $f'(2)$；

(4) 已知函数 $f(x)=\dfrac{1-\sqrt{x}}{1+\sqrt{x}}$，求 $f'(1)$；

(5) 已知函数 $f(x)=\sqrt{x}-\dfrac{1}{x}$,求 $f'(4)$;

(6) 已知函数 $f(x)=x(x+1)(x+2)\cdots(x+n)$,求 $f'(0)$;

(7) 已知函数 $f(x)=2x\tan x+3\ln x$,求 $f'\left(\dfrac{\pi}{4}\right)$、$f'(\pi)$;

(8) 已知函数 $f(x)=\dfrac{\sin x+2}{x}$,求 $f'\left(-\dfrac{\pi}{2}\right)$ 、$f'\left(\dfrac{\pi}{2}\right)$;

(9) 已知函数 $f(x)=x^2(\ln x+1)$,求 $f'(1)$、$f'(2)$。

3. 曲线 $y=(x^2-1)(x+1)$ 上哪些点处的切线平行于 x 轴?

4. 曲线 $y=\log_2 x$ 上哪一点的切线斜率是 $\dfrac{2}{\ln 2}$?

5. 过点 $A(0,1)$ 引抛物线 $y=1-x^2$ 的切线,求此切线方程。

6. 求曲线 $y=1-\dfrac{2}{\sqrt[3]{x}}$ 在与 x 轴交点处的切线方程和法线方程。

本节【同步训练】答案

1. (1) $\dfrac{2}{3}x^{-\frac{1}{3}}$;　　(2) $3^x\ln 3$;

(3) 0;　　(4) $\dfrac{1}{x\ln 10}$ 。

2. (1) $y'=18x^2-7e^x$;　　(2) $y'=2\cos 2x$;

(3) $y'=\dfrac{2}{x(1-\ln x)^2}$;　　(4) $y'=3x^2+12x+11$。

§2.3　复合函数的导数

如何求函数 $y=\sin 2x$ 的导数?是否可以简单地将导数公式 $(\sin x)'=\cos x$ 中的 x 替换成 $2x$,从而得到 $(\sin 2x)'=\cos 2x$ 呢?通过下面的分析,我们将看到这样的做法是错误的。

下面我们先来直观地观察一下它的求解过程,并进而得到复合函数求导数的一般方法。

不妨将函数 y 关于 x 的导数记为 y'_x 。

一方面,我们有

$$
\begin{aligned}
y'_x=(\sin 2x)'&=(2\sin x\cos x)'=2(\sin x)'\cos x+2\sin x(\cos x)'\\
&=2\cos^2 x-2\sin^2 x=2\cos 2x\text{ 。}
\end{aligned}
$$

另一方面,将 $y=\sin 2x$ 看成由 $y=\sin u$ 及 $u=2x$ 复合而成,由于

$$y'_u=(\sin u)'=\cos u=\cos 2x\ ,\ u'_x=(2x)'=2\ 。$$

比对上面的结果,我们看到

$$y'_x=y'_u\cdot u'_x\ 。$$

一般地,我们不加证明地给出复合函数求导数的定理。

定理 设函数 $y=f(u)$, $u=\varphi(x)$,即 y 是 x 的一个复合函数 $y=f[\varphi(x)]$,则

$$y'_x=y'_u\cdot u'_x 。$$

上述结论可以推广到有限次函数复合的情形。例如,对于复合函数 $y=f\{\varphi[\psi(x)]\}$,它可看成由函数 $y=f(u)$, $u=\varphi(v)$, $v=\psi(x)$ 复合而成,则有

$$y'_x=y'_u\cdot u'_v\cdot v'_x 。$$

注意:在结果中尚需将各中间变量还原到用 x 表示。

例 1 已知函数 $y=(1+3x)^{20}$,求 y' 。

解 设 $y=u^{20}$, $u=1+3x$,则

$$y'=(u^{20})'_u\cdot(1+3x)'_x=20u^{19}\cdot 3=60\,(1+3x)^{19}\ 。$$

例 2 已知函数 $y=\ln\cot(x^3)$,求 y' 。

解 设 $y=\ln u$, $u=\cot v$, $v=x^3$,则

$$y'=(\ln u)'_u\cdot(\cot v)'_v\cdot(x^3)'_x$$

$$=\frac{1}{u}\cdot(-\csc^2 v)\cdot 3x^2=-\frac{1}{\cot(x^3)}\cdot\csc^2(x^3)\cdot 3x^2=-\frac{6x^2}{\sin(2x^3)}\ 。$$

熟练以后,不必写出中间变量 u、v。

例 3 已知函数 $y=\arcsin\sqrt{x}$,求 y' 。

解 $$y'=\left(\arcsin\sqrt{x}\right)'=\frac{1}{\sqrt{1-\left(\sqrt{x}\right)^2}}\left(\sqrt{x}\right)'=\frac{1}{\sqrt{1-x}}\,\frac{1}{2\sqrt{x}}=\frac{1}{2\sqrt{x-x^2}}\ 。$$

例 4 已知函数 $y=e^{\cos^2 x}$,求 y' 。

解 $$y'=e^{\cos^2 x}\cdot 2\cos x\cdot(-\sin x)=-e^{\cos^2 x}\sin 2x\ 。$$

当函数解析式存在多种运算,即加、减、乘、除、复合之若干种时,需注意使用相应的导数运算法则。

例 5 已知 $y=\ln\left(x+\sqrt{x^2+5}\right)$,求 y' 。

解 $$y'=\frac{1}{x+\sqrt{x^2+5}}\left(1+\frac{1}{2}\,(x^2+5)^{-\frac{1}{2}}\cdot 2x\right)=\frac{1}{x+\sqrt{x^2+5}}\left(1+\frac{x}{\sqrt{x^2+5}}\right)$$

$$=\frac{1}{x+\sqrt{x^2+5}}\left(\frac{\sqrt{x^2+5}+x}{\sqrt{x^2+5}}\right)=\frac{1}{\sqrt{x^2+5}}\ 。$$

例 6 已知 $y=e^{\tan x}\sin\frac{2}{x}$，求 y'。

解 $y'=e^{\tan x}\cdot\sec^2 x\sin\frac{2}{x}+e^{\tan x}\cos\frac{2}{x}\left(-\frac{2}{x^2}\right)$

$$=e^{\tan x}\left(\sec^2 x\sin\frac{2}{x}-\frac{2}{x^2}\cos\frac{2}{x}\right)。$$

【同步训练】

1. 填空。

(1) $(e^{-x})'=$________；　　(2) $(\sin 4x)'=$________；

(3) $(\sqrt{7-x^2})'=$________；　　(4) $(\ln(\ln x))'=$________。

2. 求下列函数的导数。

(1) $y=(3x^5-1)^8$；　　(2) $y=\ln(4+x^2)$；

(3) $y=\sqrt{2+3x}$；　　(4) $y=\sin^2 3x$。

3. 求下列函数的导数。

(1) $y=\ln(\sin x+\cos x)$；　　(2) $y=3e^{2x}+2\cos 3x$；

(3) $y=\ln(2x+4)\sin(3x-5)$；　　(4) $y=\ln\sqrt{\dfrac{x^2+1}{x^2-1}}$。

习题 2.3

1. 求下列函数的导数。

(1) $y=(3x+5)^6$；　　(2) $y=\cos(6-2x)$；

(3) $y=e^{-3x^2}$；　　(4) $y=\ln[\ln(\ln x)]$；

(5) $y=\ln\left(\sqrt{x^2+1}+1\right)$；　　(6) $y=\arctan(x^2+1)$；

(7) $y=5^{\arcsin x^2}$；　　(8) $y=\cos^2(\sin 4x)$；

(9) $y=\sqrt{\log_3{}^3 x+1}$；　　(10) $y=\tan^2(1+2x^2)$。

2. 求下列函数的导数。

(1) $y=\dfrac{e^x+e^{-x}}{e^x-e^{-x}}$；　　(2) $y=\tan^2 x\cdot\sin\dfrac{3}{x^2}$；

(3) $y=x\arcsin 3x-\sqrt{4-x^2}$；　　(4) $y=\dfrac{\ln\sqrt[3]{2x+4x^3}}{\sec 4x}$。

本节【同步训练】答案

1. (1) $-e^{-x}$；　　(2) $4\cos 4x$；　　(3) $-\dfrac{x}{\sqrt{7-x^2}}$；　　(4) $\dfrac{1}{x\ln x}$。

2. (1) $y'=120x^4(3x^5-1)^7$；　　(2) $y'=\dfrac{2x}{4+x^2}$；

(3) $y'=\frac{3}{2\sqrt{2+3x}}$ ；　　　　(4) $y'=3\sin 6x$ 。

3. (1) $y'=\frac{\cos x-\sin x}{\sin x+\cos x}$ ；

(2) $y'=6e^{2x}-6\sin 3x$ ；

(3) $y'=\frac{2\sin(3x-5)}{2x+4}+3\ln(2x+4)\cos(3x-5)$ ；

(4) $y'=\frac{-2x}{x^4-1}$ 。

§2.4　隐函数求导

一、隐函数求导

前面所遇到的问题都是 $y=f(x)$ 的形式，就是因变量 y 可由含有自变量 x 的数学表达式明确表示的函数，这类函数叫作显函数。但是有些函数表达式并不如此，比如给定方程 $3x-y^3+2=0$，$3xy+e^y-5=0$ 等，其中，y 与 x 之间的函数关系并不明显，只是由方程 $F(x,y)=0$ 所确定，这样的函数称为由方程 $F(x,y)=0$ 所确定的隐函数。

将一个隐函数化成显函数的过程叫作隐函数的显化。比如，由方程 $3x-y^3+2=0$ 解出 $y=\sqrt[3]{3x+2}$ ，就是将隐函数化成了显函数。然而有很多隐函数是不容易或者不可能化成显函数的，比如 $3xy+e^y-5=0$ 所确定的隐函数就不容易化成显函数。由此可知，用显函数的求导方法对隐函数求导是行不通的。

对于由方程 $F(x,y)=0$ 确定的隐函数求导，我们可以采取对复合函数求导的方法来进行。首先将方程 $F(x,y)=0$ 中的 y 看作 x 的函数 $y=f(x)$ ，然后在方程 $F(x,y)=0$ 两边同时对 x 求导，得到一个含有 y' 的方程式，从中解出 y' ，即得隐函数 y 的导数。

例 1　求由方程 $3xy+e^y-5=0$ 所确定的隐函数 y 的导数。

解　将方程 $3xy+e^y-5=0$ 两端同时对 x 求导，得

$$3y+3xy'+e^y\cdot y'=0,$$

$$(3x+e^y)\cdot y'=-3y,$$

所以

$$y'=-\frac{3y}{3x+e^y}。$$

注意：由于 y 是 x 的函数，该例中 e^y 是以 y 为中间变量的复合函数，所以 e^y 关于 x 求导应利用复合函数的求导方法，求导过程中不能丢掉 y' . 另外，我们注意到，函数求导的结果中既可以含有 x ，也可含有 y ，因此在求 $y'(x_0)$ 时，应先将 x_0 代入方程 $F(x,y)=0$ 中求得 y_0，再将 x_0，y_0 同时代入 y' ，从而求得 $y'(x_0)$ 。

例 2 求由方程 $xy=\ln(x+y)-1$ 所确定的隐函数的导数 y'，并求 $y'(0)$。

解 将方程 $xy=\ln(x+y)-1$ 两端同时对 x 求导，得

$$y+xy'=\frac{1}{x+y}(1+y')\ ,$$

$$\left(x-\frac{1}{x+y}\right)\cdot y'=\frac{1}{x+y}-y\ ,$$

所以
$$y'=\frac{1-xy-y^2}{x^2+xy-1}\ 。$$

将 $x=0$ 代入原方程，得 $y=\mathrm{e}$，所以

$$y'(0)=\left.\frac{1-xy-y^2}{x^2+xy-1}\right|_{\substack{x=0\\y=\mathrm{e}}}=\mathrm{e}^2-1\ 。$$

例 3 求由方程 $x^2+xy+y^2=4$ 确定的曲线上点 $(2,-2)$ 处的切线方程和法线方程。

解 将方程两边同时对 x 求导可得

$$2x+y+xy'+2yy'=0\ ,$$

解得
$$\frac{\mathrm{d}y}{\mathrm{d}x}=-\frac{2x+y}{x+2y}\ ,$$

因此曲线在点 $(2,-2)$ 处切线的斜率为 $k=\left.\frac{\mathrm{d}y}{\mathrm{d}x}\right|_{\substack{x=2\\y=-2}}=1$，

所以曲线在点 $(2,-2)$ 处的切线方程为 $y-(-2)=1(x-2)$，即 $y=x-4$；

法线方程为 $y-(-2)=-1(x-2)$，即 $y=-x$。

二、对数求导法

一般地将形如 $y=u(x)^{v(x)}\ (u(x)>0)$ 的复合函数称为幂指函数，对此类函数求导一般采用对数求导法。具体方法是：通过对方程两边取对数，将幂指函数化为一般的隐函数，再用隐函数的求导方法，从而求得函数导数。

例 4 求函数 $y=x^{\sin x}\ (x>0)$ 的导数。

解 将 $y=x^{\sin x}$ 两端取对数

$$\ln y=\sin x\ln x\ ,$$

将上式两边对 x 求导得

$$\frac{1}{y}\cdot y'=\cos x\ln x+\frac{\sin x}{x}\ ,$$

$$y'=y\left(\cos x\ln x+\frac{\sin x}{x}\right)=x^{\sin x}\left(\cos x\ln x+\frac{\sin x}{x}\right)\ 。$$

此例也可用其他方法，先将函数写成 $y=x^{\sin x}=\mathrm{e}^{\sin x\ln x}$，再利用复合函数求导。

$$y' = (e^{\sin x \ln x})' = e^{\sin x \ln x}(\sin x \ln x)' = e^{\sin x \ln x}\left(\cos x \ln x + \frac{\sin x}{x}\right)$$

$$= x^{\sin x}\left(\cos x \ln x + \frac{\sin x}{x}\right)。$$

除了幂指函数，对于多个函数连续相乘、相除得到的函数，也可采用对数求导法。

例 5 求函数 $y = \sqrt{\dfrac{(x-1)(x-2)}{(x-3)(x-4)}}$ 的导数。

解 将函数两边取对数，得

$$\ln y = \frac{1}{2}[\ln(x-1) + \ln(x-2) - \ln(x-3) - \ln(x-4)],$$

上式两边对 x 求导得

$$\frac{1}{y} \cdot y' = \frac{1}{2}\left(\frac{1}{x-1} + \frac{1}{x-2} - \frac{1}{x-3} - \frac{1}{x-4}\right),$$

于是 $$y' = \frac{y}{2}\left(\frac{1}{x-1} + \frac{1}{x-2} - \frac{1}{x-3} - \frac{1}{x-4}\right)$$

$$= \frac{1}{2}\left(\frac{1}{x-1} + \frac{1}{x-2} - \frac{1}{x-3} - \frac{1}{x-4}\right)\sqrt{\frac{(x-1)(x-2)}{(x-3)(x-4)}}。$$

习题 2.4

1. 求由下列方程所确定的隐函数的导数 y'。

(1) $2x^2y - xy^2 + y^3 = 0$； (2) $xy = e^{x+y}$；

(3) $y = 1 - xe^{xy}$； (4) $y\sin x = \cos(x+y)$。

2. 求由方程 $x^2 + 2xy - y^2 = 2x$ 所确定的隐函数的导数在点 (2,0) 处的值。

3. 求曲线 $y^3 = 1 + xe^y$ 在与 y 轴交点处的切线方程和法线方程。

4. 用对数求导法求下列函数的导数。

(1) $y = x^{\sqrt{x}}$； (2) $y = (1+x)^x$；

(3) $y = \dfrac{\sqrt{x+1}}{\sqrt[3]{2x-1}\,(x+3)^2}$； (4) $y = \dfrac{(x+1)^2(x-2)^3}{x(x-1)^4(x+3)}$。

§ 2.5 高阶导数

定义 如果函数 $y = f(x)$ 的导函数 $y = f'(x)$ 在点 x 处可导，则称 $f'(x)$ 在点 x 处的导数为函数 $y = f(x)$ 在点 x 处的二阶导数，记作 $f''(x)$，y''，$\dfrac{\mathrm{d}^2 y}{\mathrm{d}x^2}$ 或 $\dfrac{\mathrm{d}^2 f(x)}{\mathrm{d}x^2}$，即

$$f''(x)=[f'(x)]'=\lim_{\Delta x\to 0}\frac{f'(x+\Delta x)-f'(x)}{\Delta x}。$$

此时也称函数 $y=f(x)$ 在点 x 处二阶可导。

若 $y=f(x)$ 在区间 I 上的每一点处都二阶可导，则称 $y=f(x)$ 在区间 I 上二阶可导，并称 $f''(x)$（$x\in I$）为 $f(x)$ 在区间 I 上的二阶导函数，简称二阶导数。

类似地，函数 $y=f(x)$ 的二阶导数的导数称为函数 $y=f(x)$ 的三阶导数，记作 y''' 或 $\frac{d^3y}{dx^3}$，…以此类推．一般地，函数 $y=f(x)$ 的 $n-1$ 阶导数的导数为函数 $y=f(x)$ 的 n 阶导数，记作 $y^{(n)}$，$f^{(n)}(x)$ 或 $\frac{d^ny}{dx^n}$。

二阶及二阶以上的导数统称为高阶导数。求函数的高阶导数，只要利用函数的求导法则、求导公式对函数多次接连地求一阶导数直到所要求的阶数为止即可。求函数的 n 阶导数，习惯上需满足 $n\geqslant 2$。

例 1 设函数 $y=(3x+2)^6$，求 $y''(-1)$。

解 由 $y'=6(3x+2)^5\cdot 3=18(3x+2)^5$，

$y''=90(3x+2)^4\cdot 3=270(3x+2)^4$，

所以 $y''(-1)=270[3\cdot(-1)+2]^4=270$。

例 2 求函数 $y=e^x\cos x$ 的三阶导数．

解 $y'=e^x\cos x+e^x(-\sin x)=e^x(\cos x-\sin x)$，

$y''=e^x(\cos x-\sin x)+e^x(-\sin x-\cos x)=-2e^x\sin x$，

$y'''=-2(e^x\sin x+e^x\cos x)=-2e^x(\sin x+\cos x)$。

例 3 求函数 $y=e^{ax}$ 的 n 阶导数。

解 $y'=ae^{ax}$，$y''=a^2e^{ax}$，$y'''=a^3e^{ax}$，依次类推，可得 $y^{(n)}=a^ne^{ax}$。

例 4 求函数 $y=\sin x$ 的 n 阶导数。

解 $y'=\cos x=\sin\left(x+\frac{\pi}{2}\right)$，

$y''=-\sin x=\cos\left(x+\frac{\pi}{2}\right)=\sin\left(x+2\cdot\frac{\pi}{2}\right)$，

$y'''=-\cos x=\cos\left(x+2\cdot\frac{\pi}{2}\right)=\sin\left(x+3\cdot\frac{\pi}{2}\right)$，

$y^{(4)}=\sin x=\cos\left(x+3\cdot\frac{\pi}{2}\right)=\sin\left(x+4\cdot\frac{\pi}{2}\right)$。

依次类推，可得

$$y^{(n)}=\sin\left(x+n\cdot\frac{\pi}{2}\right)。$$

【同步训练】

1. 求下列函数的二阶导数。

(1) $y = x\cos x$；

(2) $y = e^{x^2-1}$；

(3) $y = \tan x$；

(4) $y = \sqrt{4-2x}$。

2. 求下列函数的 n 阶导数。

(1) $y = e^{5x+1}$；

(2) $y = \ln(x+1)$；

(3) $y = \cos x$；

(4) $y = \dfrac{1}{2-x}$。

习题 2.5

1. 求下列函数的二阶导数。

(1) $y=x\sin x$ ；　　(2) $y=e^{-x}\cos x$ ；

(3) $y=\ln(x^2+3)$ ；　　(4) $y=e^{5x-3}$ ；

(5) $y=2x^3-\ln x$ ；　　(6) $y=\sqrt{1+x^2}$ 。

2. 求下列函数的 n 阶导数。

(1) $y=e^{-2x}$ ；　　(2) $y=xe^x$ ；

(3) $y=x\ln x$ ；　　(4) $y=\cos^2 x$ 。

本节【同步训练】答案

1. (1) $y''=-2\sin x-x\cos x$ ；　　(2) $y''=2e^{x^2-1}(1+2x^2)$ ；

(3) $y''=2\sec^2 x\tan x$ ；　　(4) $y''=-\dfrac{1}{\sqrt{(4-2x)^3}}$ 。

2. (1) $y^{(n)}=5^n e^{5x+1}$ ；　　(2) $y^{(n)}=(-1)^{n-1}\dfrac{(n-1)!}{(1+x)^n}$ ；

(3) $y^{(n)}=\cos\left(x+n\cdot\dfrac{\pi}{2}\right)$ ；　　(4) $y^{(n)}=(-1)^{n-1}\dfrac{n!}{(x-2)^n}$ 。

§2.6　微分及其应用

2.6.1　微分的概念

定义　设函数 $y=f(x)$ 在点 x_0 处可导，自变量从 x_0 变化到 $x_0+\Delta x$ 时，函数值的增量 $\Delta y=f(x_0+\Delta x)-f(x_0)$（见图 2-2）。当 Δx 的绝对值很小时，有 $\Delta y\approx f'(x_0)\cdot\Delta x$ ，则称 $y=f(x)$在点 x_0 处可微，并称 $f'(x_0)\cdot\Delta x$ 为函数 $f(x)$在点处 x_0 的微分，记作 dy，即

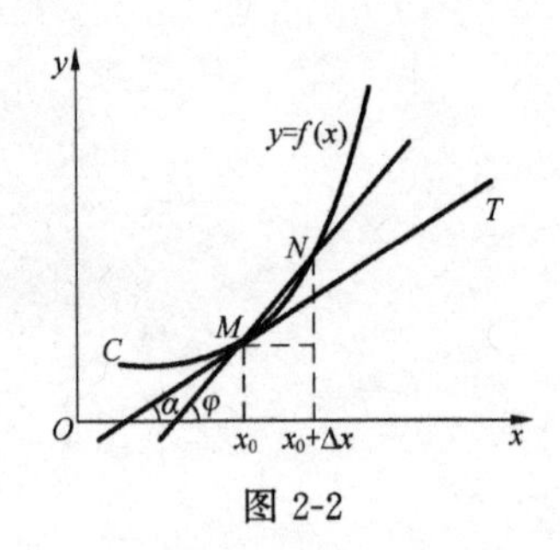

图 2-2

$$dy = f'(x_0)\Delta x \text{ 。}$$

若函数 $y=f(x)$ 在区间 I 上每点都可微，则称 $f(x)$ 在区间 I 上可微，函数 $y=f(x)$ 在区间 I 上的微分记作 $dy=f'(x)\Delta x$ 。

显然，对于函数 $y=x$，有 $dy=dx$ ；而由微分定义又有 $dy=x'\Delta x=\Delta x$ ，即可得到 $\Delta x=dx$ ，于是函数 $y=f(x)$的微分可以写成

$$dy = f'(x)dx \text{ 。}$$

可以证明函数 $y=f(x)$ 在点 x_0 处的可导与可微有如下关系。

定理 函数 $y=f(x)$ 在点 x_0 处可微的充分必要条件是函数 $y=f(x)$ 在点 x_0 处可导。

2.6.2 微分运算法则

由微分和导数的关系，我们可得到如下的微分公式与法则。

1. 基本初等函数的微分公式

(1) $d(x^\mu)=\mu x^{\mu-1}dx$ ；

(2) $d(a^x)=a^x\ln a\,dx\ (a>0, a\neq 1)$ ；

(3) $d(e^x)=e^x dx$ ；

(4) $d(\log_a x)=\dfrac{1}{x\ln a}dx\ (a>0, a\neq 1)$ ；

(5) $d(\ln x)=\dfrac{1}{x}dx$ ；

(6) $d(\sin x)=\cos x\,dx$ ；

(7) $d(\cos x)=-\sin x\,dx$ ；

(8) $d(\tan x)=\sec^2 x\,dx$ ；

(9) $d(\cot x)=-\csc^2 x\,dx$ ；

(10) $d(\sec x)=\sec x\tan x\,dx$ ；

(11) $d(\csc x)=-\csc x\cot x\,dx$ ；

(12) $d(\arcsin x)=\dfrac{1}{\sqrt{1-x^2}}dx$ ；

(13) $d(\arccos x)=-\dfrac{1}{\sqrt{1-x^2}}dx$ ；

(14) $d(\arctan x)=\dfrac{1}{1+x^2}dx$ ；

(15) $d(\text{arccot}\,x)=-\dfrac{1}{1+x^2}dx$ 。

2. 函数的和、差、积、商的微分公式

设 $u(x)$ 、$v(x)$ 为可微函数，则

(1) $d[u(x)\pm v(x)]=du(x)\pm dv(x)$ ；

(2) $d[u(x)\cdot v(x)]=v(x)du(x)+u(x)dv(x)$ ；

(3) $d[cu(x)]=c\,du(x)$，c 为常数；

(4) $d\left[\dfrac{u(x)}{v(x)}\right]=\dfrac{v(x)du(x)-u(x)dv(x)}{v^2(x)}\ (v\neq 0)$ ；

(5) $\mathrm{d}\left[\frac{1}{v(x)}\right]=-\frac{\mathrm{d}v(x)}{v^2(x)}$。

3. 复合函数的微分法则

设函数 $y=f(u)$,由微分的定义可知,当 u 是自变量时,函数 $y=f(u)$ 的微分为

$$\mathrm{d}y=f'(u)\mathrm{d}u\ 。$$

当 u 不是自变量,而是 x 的可微函数 $u=\varphi(x)$ 时,有函数

$$y=f(u)=f[\varphi(x)]\ ,$$

由复合函数求导法可得 $y'=f'(u)\varphi'(x)$,于是函数 y 的微分为

$$\mathrm{d}y=f'(u)\varphi'(x)\mathrm{d}x\ 。$$

又由于 $u=\varphi(x)$ 可微,有 $\varphi'(x)\mathrm{d}x=\mathrm{d}u$,从而得到

$$\mathrm{d}y=f'(u)\mathrm{d}u\ 。$$

由此可见,不论 u 是自变量还是中间变量,函数 $y=f(u)$ 的微分总保持同一形式:

$$\mathrm{d}y=f'(u)\mathrm{d}u\ 。$$

这一性质称为一阶微分的形式不变性。

例 1 已知函数 $y=\sin(3x-1)$,求 $\mathrm{d}y$。

解 方法一:由复合函数求导法则,$y'=\cos(3x-1)\cdot 3=3\cos(3x-1)$,所以

$$\mathrm{d}y=3\cos(3x-1)\,\mathrm{d}x\ 。$$

方法二:由一阶微分形式不变性可得

$\mathrm{d}y=\mathrm{d}(\sin u)=\cos u\,\mathrm{d}u=\cos(3x-1)\,\mathrm{d}(3x-1)$

$=\cos(3x-1)\cdot 3\mathrm{d}x=3\cos(3x-1)\,\mathrm{d}x$。

例 2 已知函数 $y=\ln\sqrt{1+\mathrm{e}^{x^2}}$,求 $\mathrm{d}y$。

解 方法一:由复合函数求导法则,$y'=\frac{1}{2(1+\mathrm{e}^{x^2})}\cdot\mathrm{e}^{x^2}\cdot 2x=\frac{x\mathrm{e}^{x^2}}{1+\mathrm{e}^{x^2}}$,所以

$$\mathrm{d}y=\frac{x\mathrm{e}^{x^2}}{1+\mathrm{e}^{x^2}}\mathrm{d}x\ 。$$

方法二:由一阶微分形式不变性可得

$$\mathrm{d}y=\mathrm{d}\left(\ln\sqrt{1+\mathrm{e}^{x^2}}\right)=\frac{1}{2(1+\mathrm{e}^{x^2})}\mathrm{d}(1+\mathrm{e}^{x^2})=\frac{1}{2(1+\mathrm{e}^{x^2})}\mathrm{d}(\mathrm{e}^{x^2})$$

$$=\frac{\mathrm{e}^{x^2}\cdot}{2(1+\mathrm{e}^{x^2})}\mathrm{d}(x^2)=\frac{\mathrm{e}^{x^2}\cdot 2x}{2(1+\mathrm{e}^{x^2})}\mathrm{d}x=\frac{x\mathrm{e}^{x^2}}{1+\mathrm{e}^{x^2}}\mathrm{d}x\ 。$$

2.6.3 微分在近似计算中的应用

在工程问题中,经常会碰到一些复杂的算式,如果直接利用公式进行精确计算,过程可能非常复杂,如果一些方法在不影响精度的情况下能够简化运算,就可以减少工作量。利用

微分往往可以把一些复杂的计算用简单的近似公式来代替。

1. 函数增量的近似计算

若函数 $y=f(x)$ 在点 x_0 处可导且 $f'(x_0)\neq 0$，则当 $|\Delta x|$ 很小时，

$$\Delta y \approx dy = f'(x_0)\Delta x\ 。$$

2. 函数值的近似计算

由于 $f(x_0+\Delta x)-f(x_0)\approx f'(x_0)\Delta x$，

所以 $f(x_0+\Delta x)\approx f(x_0)+f'(x_0)\Delta x$。

例 3 将半径为 10cm 的球加热，由于受热膨胀，半径伸长了 0.05cm，问体积大约增大了多少？

解 半径为 r 的球体积为 $V=f(r)=\frac{4}{3}\pi r^3$。

球体积的增量记作 ΔV，则

$$\Delta V \approx dV = f'(r)\Delta r = 4\pi r^2\Delta r\ ,$$

当 $r=10,\Delta r=0.05$ 时，得

$$\Delta V \approx 4\pi\cdot 10^2\cdot 0.05\approx 62.8\ 。$$

所以球体积增大了大约 62.8cm³。

例 4 求$\sqrt[3]{1.02}$的近似值。

解 将该问题看作求函数 $f(x)=\sqrt[3]{x}$ 在点 $x=1.02$ 处的函数值的近似值问题。

设 $f(x)=\sqrt[3]{x}$，则 $f'(x)=\frac{1}{3\cdot\sqrt[3]{x^2}}$，所以

$$\sqrt[3]{x_0+\Delta x}\approx\sqrt[3]{x_0}+\frac{1}{3\cdot\sqrt[3]{x_0{}^2}}\Delta x\ ,$$

取 $x_0=1,\Delta x=0.02$，代入上式得

$$\sqrt[3]{1.02}\approx\sqrt[3]{1}+\frac{1}{3\cdot\sqrt[3]{1^2}}\times 0.02\approx 1.0067。$$

【同步训练】

1. 填空。

(1) $d(7e^x-11)=$________ dx；

(2) $d(\ln\sin x)=$________ $d(\sin x)=$________ dx；

(3) $\frac{e^x dx}{1+(e^x)^2}=$________ $d(e^x)=d(\arctan$ ________$)$；

(4) $d(2\ln^2 x+\tan x)=$________________ dx。

2. 求下列函数的微分。

(1) $y = x\sin x + \cos x$ ；　　(2) $y = \ln\sqrt{1-x^3}$ ；

(3) $y = \dfrac{x^4}{1-2x^2}$ ；　　(4) $y = 5\cot x - \dfrac{2}{2^x}$ 。

3. 一个圆环的内径为 r，外径与内径的差为 h，试利用微分计算这个圆环面积的近似值。

4. 利用微分求 $\sin 29°$ 的近似值。

习题 2.6

1. 求下列函数的微分。

(1) $y = 6x^2 + 4x$ ；　　(2) $y = (7e^x - 3)^5$；

(3) $y = e^{-x}\cos(1-5x)$ ；　　(4) $y = \dfrac{2\sin x}{1+\cos 2x}$ ；

(5) $y = 2\ln^2 x + 3\sqrt{10-x}$ ；　　(6) $y = \ln(\sec x + \tan x)$ ；

(7) $y = x^3 4^x \cos x$ ；　　(8) $y = \operatorname{arccot} e^{5x}$ 。

2. 半径为 15cm 的球半径又伸长了 0.2cm,球的体积约扩大多少?

3. 利用微分求近似值。

(1) $\sqrt[6]{1.02}$; (2) $\sin 30°30'$; (3) $\ln 1.02$。

本节【同步训练】答案

1. (1) $7e^x$; (2) $\frac{1}{\sin x}, \cot x$;

(3) $\frac{1}{1+(e^x)^2}, e^x$; (4) $\frac{4\ln x}{x} + \sec^2 x$ 。

2. (1) $dy = x\cos x\,dx$; (2) $dy = -\frac{3x^2}{2(1-x^3)}dx$;

(3) $dy = \frac{4x^3(1-x^2)}{(1-2x^2)^2}dx$; (4) $dy = (-5\csc^2 x + 2^{1-x}\ln 2)dx$ 。

3. $\Delta s \approx ds = s'dr = 2\pi rh$（当 h 很小时）。

4. 0.485。

第3章　导数的应用

【学习目标】

会用洛必达法则求未定式极限。

掌握利用导数判断函数的单调性和凹凸性的方法。

理解并掌握函数极值的概念与求法，掌握函数的最大值和最小值的求法，会用最值理论解决实际应用问题。

理解经济函数概念和弹性概念，会用最值理论解决经济应用问题。

§3.1　洛必达法则

如果当 $x \to a$（或 $x \to \infty$），函数 $f(x)$ 与 $g(x)$ 都趋于零或都趋于无穷大，此时极限 $\lim\limits_{\substack{x \to a \\ (x\to\infty)}} \dfrac{f(x)}{g(x)}$ 可能存在，也可能不存在，通常把这种形式的极限称为$\dfrac{0}{0}$或$\dfrac{\infty}{\infty}$型未定式（或不定式）。例如，$\lim\limits_{x\to 0}\dfrac{\tan x}{x}$ 属$\dfrac{0}{0}$型，$\lim\limits_{x\to 0}\dfrac{\ln\sin ax}{\ln\sin bx}$ 属$\dfrac{\infty}{\infty}$型。对于未定式的极限，不能直接用极限运算法则求得，除可用第1章介绍的方法外，还可考虑用求导的方法解决。下面介绍的洛必达法则是求未定式极限的简便而有效的方法。

3.1.1　$\dfrac{0}{0}$型和$\dfrac{\infty}{\infty}$型未定式

下面给出洛必达法则，以 $x \to x_0$ 为例，$x \to \infty$ 的类型雷同。

1. $\dfrac{0}{0}$型未定式极限的计算

法则1　如果函数 $f(x)$，$g(x)$ 满足下列条件：

(1) $\lim\limits_{x\to x_0} f(x)=0$，$\lim\limits_{x\to x_0} g(x)=0$；

(2) 在 x_0 的某一邻域内（x_0 点可以除外），$f'(x)$，$g'(x)$ 存在，且 $g'(x)\neq 0$；

(3) $\lim\limits_{x\to x_0}\dfrac{f'(x)}{g'(x)}=A$（或 ∞）。

则有 $\lim\limits_{x\to x_0}\dfrac{f(x)}{g(x)}=\lim\limits_{x\to x_0}\dfrac{f'(x)}{g'(x)}=A$（或 ∞）。

例1　求 $\lim\limits_{x\to 0}\dfrac{\sin 2x}{x}$。

解 $\lim\limits_{x\to0}\dfrac{\sin2x}{x}=\lim\limits_{x\to0}\dfrac{(\sin2x)'}{}=\lim\limits_{x\to0}\dfrac{2\cos2x}{1}=2$。

例 2 求 $\lim\limits_{x\to0}\dfrac{e^x-e^{-x}}{\sin x}$。

解 $\lim\limits_{x\to0}\dfrac{e^x-e^{-x}}{\sin x}=\lim\limits_{x\to0}\dfrac{(e^x-e^{-x})'}{(\sin x)'}=\lim\limits_{x\to0}\dfrac{e^x+e^{-x}}{\cos x}=2$。

例 3 求 $\lim\limits_{x\to1}\dfrac{x^3-3x+2}{x^3-x^2-x+1}$。

解 $\lim\limits_{x\to1}\dfrac{x^3-3x+2}{x^3-x^2-x+1}=\lim\limits_{x\to1}\dfrac{3x^2-3}{3x^2-2x-1}=\lim\limits_{x\to1}\dfrac{6x}{6x-2}=\dfrac{3}{2}$。

例 4 求 $\lim\limits_{x\to0}\dfrac{x-\sin x}{x^3}$。

解 $\lim\limits_{x\to0}\dfrac{x-\sin x}{x^3}=\lim\limits_{x\to0}\dfrac{1-\cos x}{3x^2}=\lim\limits_{x\to0}\dfrac{\sin x}{6x}=\dfrac{1}{6}$。

【同步训练 1】

1. 求 $\lim\limits_{x\to0}\dfrac{\sin2x}{\sin5x}$。

2. 求 $\lim\limits_{x\to0}\dfrac{e^x+e^{-x}-2}{x^2}$。

3. 求 $\lim\limits_{x\to1}\dfrac{\ln x}{(x-1)^2}$。

4. 求 $\lim\limits_{x\to0}\dfrac{\ln(1+\sin x)}{\sin2x}$。

2. $\dfrac{\infty}{\infty}$型未定式极限的计算

法则 2 如果函数 $f(x)$，$g(x)$ 满足下列条件：

(1) $\lim\limits_{x\to x_0} f(x)=\infty, \lim\limits_{x\to x_0} g(x)=\infty$；

(2) 在 x_0 的某一邻域内(x_0 点可以除外)，$f'(x)$，$g'(x)$ 存在，且 $g'(x)\neq 0$；

(3) $\lim\limits_{x\to x_0} \dfrac{f'(x)}{g'(x)}=A$ (或 ∞)。

则有 $\lim\limits_{x\to x_0} \dfrac{f(x)}{g(x)}=\lim\limits_{x\to x_0} \dfrac{f'(x)}{g'(x)}=A$ (或 ∞)。

以上法则说明对于$\dfrac{0}{0}$型和$\dfrac{\infty}{\infty}$型未定式极限，在符合定理的条件下，可以通过对分子、分母分别求导数，然后再用求极限的方法来确定，这种方法称为**洛必达法则**。

例 5 求 $\lim\limits_{x\to+\infty} \dfrac{\ln x}{x^3}$ 。

解 $$\lim_{x\to+\infty} \frac{\ln x}{x^3}=\lim_{x\to+\infty} \frac{\frac{1}{x}}{3x^2}=\lim_{x\to+\infty} \frac{1}{3x^3}=0。$$

例 6 求 $\lim\limits_{x\to 0+} \dfrac{\ln\sin 3x}{\ln\sin 2x}$ 。

解 $$\lim_{x\to 0+} \frac{\ln\sin 3x}{\ln\sin 2x}=\lim_{x\to 0+} \frac{\frac{3\cos 3x}{\sin 3x}}{\frac{2\cos 2x}{\sin 2x}}=\lim_{x\to 0+} \frac{3\cos 3x\sin 2x}{2\cos 2x\sin 3x}$$

$$=\lim_{x\to 0+} \frac{3\sin 2x}{2\sin 3x}=\frac{3}{2}\lim_{x\to 0+} \frac{\sin 2x}{\sin 3x}=1。$$

例 7 求 $\lim\limits_{x\to\frac{\pi}{2}} \dfrac{\tan x}{\tan 3x}$ 。

解 $$\lim_{x\to\frac{\pi}{2}} \frac{\tan x}{\tan 3x}=\lim_{x\to\frac{\pi}{2}} \frac{\sec^2 x}{3\sec^2 3x}=\frac{1}{3}\lim_{x\to\frac{\pi}{2}} \frac{\cos^2 3x}{\cos^2 x}$$

$$=\frac{1}{3}\lim_{x\to\frac{\pi}{2}} \frac{-6\cos 3x\sin 3x}{-2\cos x\sin x}$$

$$=\lim_{x\to\frac{\pi}{2}} \frac{\sin 6x}{\sin 2x}=\lim_{x\to\frac{\pi}{2}} \frac{6\cos 6x}{2\cos 2x}=3。$$

使用洛必达法则需要注意以下几个方面。

(Ⅰ) 首先要检查是否满足$\dfrac{0}{0}$型或$\dfrac{\infty}{\infty}$型未定式。

(Ⅱ) 若条件符合，洛必达法则可连续多次使用，直到求出极限为止。但每次求导后要注意判断极限是否存在，是否仍满足条件，这点很容易被忽略。

(Ⅲ) 如果仅用洛必达法则，有时计算会十分繁琐，因此要注意与其他方法相结合，比如等价无穷小代换等。

（Ⅳ）有些其他形式的未定型可先转化为$\frac{0}{0}$型或$\frac{\infty}{\infty}$型，再用洛必达法则求极限。

3.1.2 其他形式的未定型

除了$\frac{0}{0}$型和$\frac{\infty}{\infty}$型未定式外，还有一些其他类型的未定式，如 $0\cdot\infty$，$\infty-\infty$，0^0，1^∞，∞^0 等，他们不能直接使用洛必达法则，但是可通过适当的处理方法（比如取对数等），将其转换为$\frac{0}{0}$型和$\frac{\infty}{\infty}$型未定式，从而间接使用洛必达法则以求其极限。

例 8 求 $\lim\limits_{x\to+\infty} x^{-2}e^x$ $(0\cdot\infty)$。

解 $\lim\limits_{x\to+\infty} x^{-2}e^x=\lim\limits_{x\to+\infty}\frac{e^x}{x^2}=\lim\limits_{x\to+\infty}\frac{e^x}{2x}=\lim\limits_{x\to+\infty}\frac{e^x}{2}=+\infty$，此极限不存在。

例 9 求 $\lim\limits_{x\to0}\left(\frac{1}{x(x+2)}-\frac{1}{2x}\right)$ $(\infty-\infty)$。

解 $\lim\limits_{x\to0}\left(\frac{1}{x(x+2)}-\frac{1}{2x}\right)=\lim\limits_{x\to0}\frac{-x}{2x(x+2)}=\lim\limits_{x\to0}\frac{-1}{4(x+1)}=-\frac{1}{4}$。

例 10 求 $\lim\limits_{x\to0^+}x^x$ (0^0)。

解 $\lim\limits_{x\to0^+}x^x=\lim\limits_{x\to0^+}e^{x\ln x}=e^{\lim\limits_{x\to0^+}x\ln x}=e^{\lim\limits_{x\to0^+}\frac{\ln x}{\frac{1}{x}}}=e^{\lim\limits_{x\to0^+}\frac{\frac{1}{x}}{-\frac{1}{x^2}}}=e^0=1$。

例 11 求 $\lim\limits_{x\to1}x^{\frac{1}{x-1}}$ (1^∞)。

解 $\lim\limits_{x\to1}x^{\frac{1}{x-1}}=\lim\limits_{x\to1}e^{\frac{1}{x-1}\ln x}=e^{\lim\limits_{x\to1}\frac{\ln x}{x-1}}=e^{\lim\limits_{x\to1}\frac{\frac{1}{x}}{1}}=e$。

此题为 1^∞ 型不定式，除了用上述取对数的方法，还可用第二个重要极限计算。

$$\lim_{x\to1}x^{\frac{1}{x-1}}=\lim_{x\to1}[1+(x-1)]^{\frac{1}{x-1}}=e。$$

【同步训练 2】

求 $\lim\limits_{x\to1}\left(\frac{1}{\ln x}-\frac{1}{x-1}\right)$。

习题 3.1

1. 求下列函数极限。

(1) $\lim\limits_{x\to 0}\dfrac{e^x-1}{x}$；　　(2) $\lim\limits_{x\to 0}\dfrac{\tan x}{x}$；

(3) $\lim\limits_{x\to +\infty}\dfrac{\dfrac{\pi}{2}-\arctan x}{\dfrac{1}{x}}$；　　(4) $\lim\limits_{x\to 0}\dfrac{e^x-1}{xe^x+e^x-1}$；

(5) $\lim\limits_{x\to 0}\dfrac{x-\sin x}{x^2}$；　　(6) $\lim\limits_{x\to 1}\dfrac{x^2-3x+2}{x^3-1}$；

(7) $\lim\limits_{x\to \frac{\pi}{2}}\dfrac{\cos x}{x-\dfrac{\pi}{2}}$；　　(8) $\lim\limits_{x\to 0}\dfrac{\ln\sin ax}{\ln\sin bx}(b\neq 0)$；

(9) $\lim\limits_{x\to +\infty}\dfrac{e^x+e^{-x}}{e^x-e^{-x}}$。

2. 验证 $\lim\limits_{x\to\infty}\dfrac{x+\cos x}{x}=1$，但不满足洛必达法则的条件。

3. 求下列极限。

(1) $\lim\limits_{x\to 0}\dfrac{\tan x-x}{x^2\tan x}$；　　(2) $\lim\limits_{x\to 0}\left(\dfrac{1}{x}-\dfrac{1}{e^x-1}\right)$；　　(3) $\lim\limits_{x\to 0}(1+\sin x)^{\frac{1}{x}}$。

本节【同步训练 1】答案

1. $\dfrac{2}{5}$。　　2. 1。　　3. ∞（极限不存在）。　　4. $\dfrac{1}{2}$。

本节【同步训练 2】答案

$\lim\limits_{x\to 1}\left(\dfrac{1}{\ln x}-\dfrac{1}{x-1}\right)=\dfrac{1}{2}$。

§3.2 函数的单调性与极值

3.2.1 函数单调性的判别法

在第1章中我们已给出函数单调性的定义，但根据定义来判断函数的单调性是比较困难的，讨论发现，单调性与函数的导数有关(见图3-1和图3-2)，现在应用导数来判断函数的单调性更为方便。

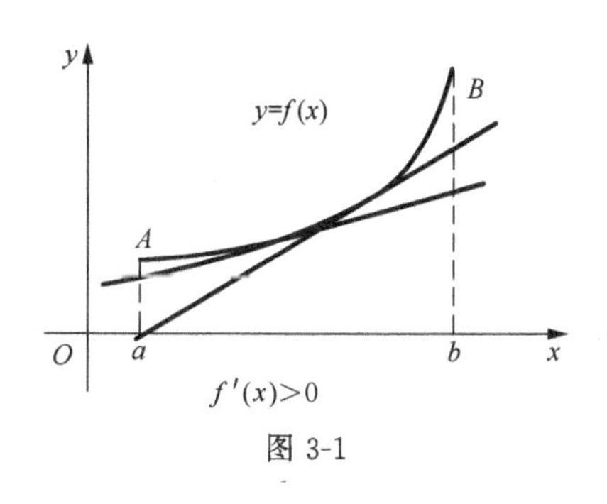

图 3-1

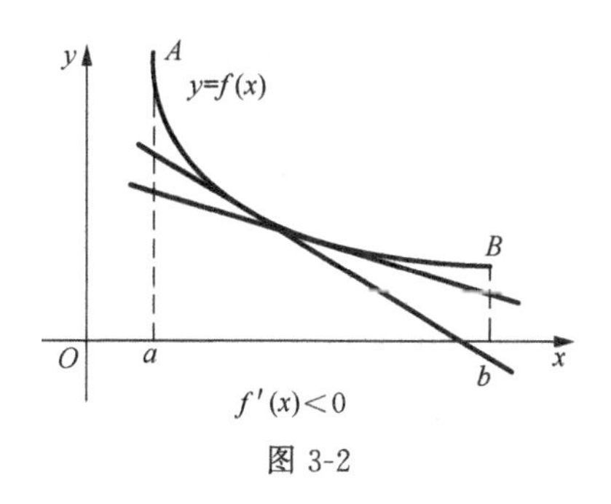

图 3-2

1. 单调性判定定理

定理1 设 $f(x)$ 在 $[a,b]$ 上连续，在 (a,b) 内可导(见图3-1和图3-2)，则有

(1) 如果 $f'(x)>0$，则函数 $f(x)$ 在 $[a,b]$ 上单调增加；

(2) 如果 $f'(x)<0$，则函数 $f(x)$ 在 $[a,b]$ 上单调减少。

证明略。

例1 讨论 $f(x)=3x-x^3$ 的单调性。

解 函数的定义域为 $(-\infty,+\infty)$，求函数导数有

$f'(x)=3-3x^2=3(1-x)(1+x)$。

(Ⅰ) 当 $-\infty<x<-1$ 时，$f'(x)<0$，所以 $f(x)$ 在 $(-\infty,-1]$ 上单调递减；

(Ⅱ) 当 $-1<x<1$ 时，$f'(x)>0$，所以 $f(x)$ 在 $[-1,1]$ 上单调递增；

(Ⅲ) 当 $1<x<+\infty$ 时，$f'(x)<0$，所以 $f(x)$ 在 $[1,+\infty)$ 上单调递减。

例2 讨论函数 $y=e^x-x-1$ 的单调性。

解 函数定义域为 $(-\infty,+\infty)$，由 $y'=e^x-1$ 可知，

在 $(-\infty,0)$ 内，$y'<0$，所以函数单调减少；

在 $(0,+\infty)$ 内，$y'>0$，所以函数单调增加。

函数 $y=e^x-x-1$ 的图像如图3-3所示。

注意：函数的单调性是一个区间上的整体性质，要用导数在这一区间上的符号来判定，

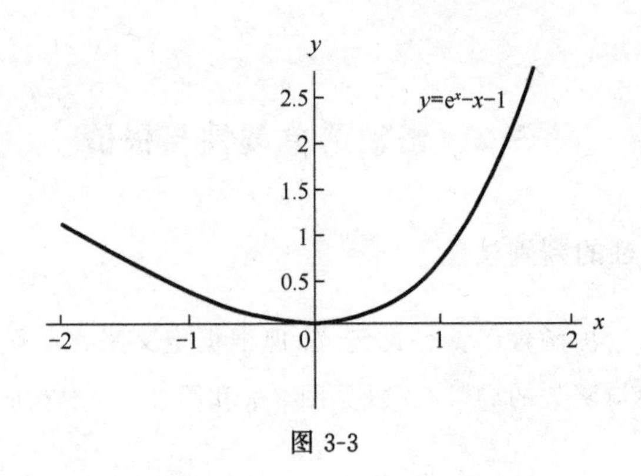

图 3-3

而不能仅用个别点处的导数符号来判别一个区间上的单调性。

2. 单调区间及其求法

上述例题中我们看到虽然函数在其定义域上并不是单调的,但在子区间上却可以是单调的。

若函数在其定义域的某个区间内是单调的,则称该区间为函数的**单调区间**。

观察两个函数 $y=x^2$ 及 $y=|x|$ 的图形,我们不难看到:使函数 $y=f(x)$ 的导数 $f'(x)=0$ 或 $f'(x)$不存在点,可能是 $f(x)$单调区间的分界点。

确定函数 $y=f(x)$ 单调性及单调区间的步骤如下。

(1) 确定函数的定义域;

(2) 求出 $f'(x)$,确定使 $f'(x)=0$ 及 $f'(x)$ 不存在的点;

(3) 用上述各点将函数的定义域划分为若干个小定义区间,逐个判断区间内导数的符号即可。

例 3 求函数 $f(x)=2x^3-9x^2+12x-3$ 的单调区间。

解 函数定义域 $D:(-\infty,+\infty)$,函数导数 $f'(x)=6x^2-18x+12=6(x-1)(x-2)$,令 $f'(x)=0$,得 $x_1=1,x_2=2$。

当 $-\infty<x<1$ 时, $f'(x)>0$, 函数在 $(-\infty,1]$ 上单调增加;

当 $1<x<2$ 时,$f'(x)<0$,函数在$[1,2]$上单调减少;

当 $2<x<+\infty$时,$f'(x)>0$,函数在$[2,+\infty)$上单调增加。

单调区间为$(-\infty,1]$,$[1,2]$,$[2,+\infty)$。函数图像如图 3-4 所示。

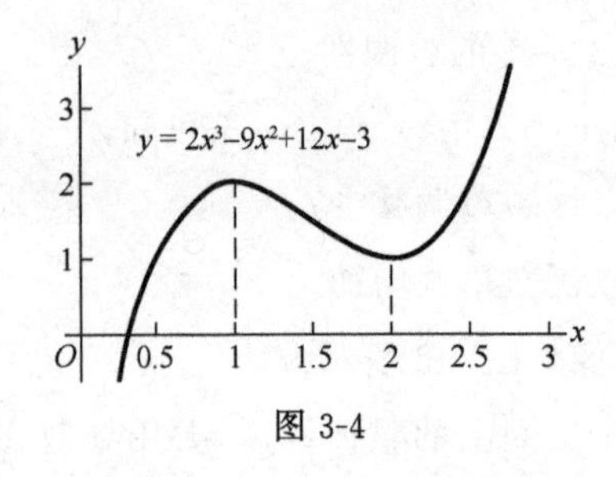

图 3-4

此类题目列表表示更为方便，例3结果也可写为表3-1的形式。

表 3-1

x	$(-\infty,1)$	1	$(1,2)$	2	$(2,+\infty)$
$f'(x)$	+	0	−	0	+
$f(x)$	↗		↘		↗

例 4 讨论函数 $f(x)=2x^3-6x^2+1$ 的单调性。

解 函数的定义域为$(-\infty,+\infty)$，

$f'(x)=6x^2-12x=6x(x-2)$，

令 $f'(x)=0$，得 $x_1=0,x_2=2$。

点 $x_1=0,x_2=2$ 把定义域分成三个小区间，函数的单调性见表3-2。

表 3-2

x	$(-\infty,0)$	0	$(0,2)$	2	$(2,+\infty)$
$f'(x)$	+	0	−	0	+
$f(x)$	↗		↘		↗

注意：区间内个别点导数为零，不影响区间的单调性。

例如，$y=x^3$，$y'|_{x=0}=0$，但在$(-\infty,+\infty)$上单调增加。

【同步训练 1】

判定函数 $f(x)=x^3+3x^2-24x-20$ 的单调性。

3.2.2 函数的极值

如果一个函数 $y=f(x)$ 在某区间 (a,b) 上连续变化，且不单调，那么由图3-5可以看出，在函数单调增加到单调减少的分界点上，就必然会出现“峰”，且在分界点上函数值比它们邻近的函数值要大，比如点 x_2、x_5 等；在函数单调减少到单调增加的分界点上，就必然会出现“谷”，且在分界点上的函数值比它们邻近的函数值要小，比如点 x_1、x_4 等．这种局部范围下的最大值与最小值分别称为极大值和极小值，在研究函数的性质和解决一些实际问题中，它们有着重要的应用．下面我们给出极值的定义。

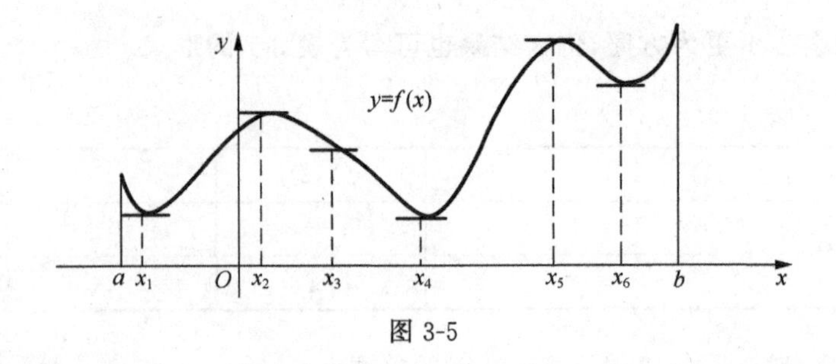

图 3-5

定义 设函数 $y=f(x)$ 在区间 (a,b) 内 有意义，x_0 是 (a,b) 内的一个点，若点 x_0 附近的函数值都小于(或都大于) $f(x_0)$，则称 $f(x_0)$ 为函数 $f(x)$ 的一个**极大值**(或**极小值**)，点 x_0 叫作函数的**极大值点**(或**极小值点**)。函数的极大值和极小值统称为**极值**，极大值点和极小值点统称为**极值点**(见图 3-6 和图 3-7)。

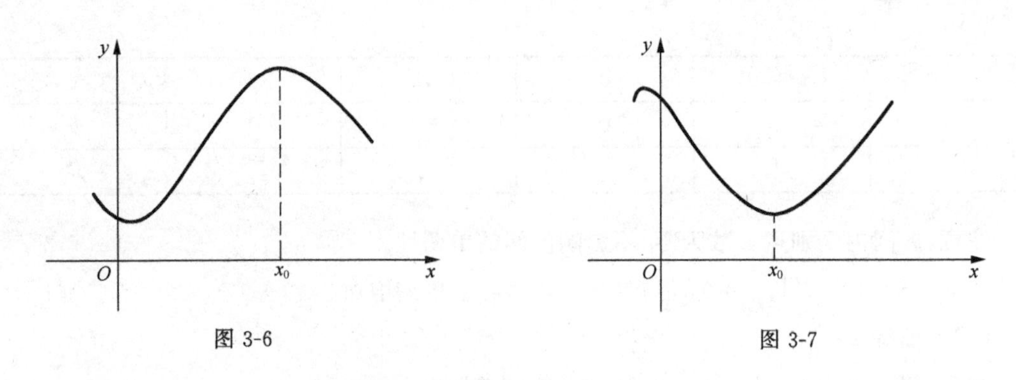

图 3-6　　图 3-7

在图 3-5 中，x_1,x_4,x_6 是极小值点，x_2,x_5 是极大值点。

定理 2(极值存在的必要条件) 若函数 $f(x)$ 在 x_0 点可导，且取得极值，则 $f'(x_0)=0$。

一般地，若函数 $f(x)$ 在 $x=x_0$ 处有 $f'(x_0)=0$，就称 x_0 为 $f(x)$ 的**驻点**。

值得注意的是：

(Ⅰ) 函数 $f(x)$ 所取得的极值不一定是唯一的；

(Ⅱ) 当函数 $f(x)$ 在 x_0 点可导时，极值点必定是它的驻点，但驻点未必是极值点。

例如，$f(x)=x^3$ 的导数为 $f'(x)=3x^2$，$f'(0)=0$，因此 $x=0$ 是函数 $f(x)=x^3$ 的驻点，但却不是极值点。

(Ⅲ) 定理是对函数在 x_0 点可导而言的，但在函数的连续而函数导数不存在的点处，函数也可能取得极值，例如 $f(x)=|x|$，在 $x=0$ 点的导数不存在，但取得极小值。

因此，我们可知：驻点及导数不存在的点均为函数可能的极值点，但是在这些点上函数是否确实能取得极值，还需要进一步加以判断，我们有以下的判别方法。

定理 3(极值的第一充分条件) 设函数 $f(x)$ 在 x_0 点连续及其附近可导($f'(x_0)$ 可以不存在)，且 $f'(x_0)=0$，当 x 从左向右经过 x_0 时：

(1) 如果 $f'(x)$ 的符号由正变负，则函数 $f(x)$ 在 x_0 处取得极大值，x_0 是极大值点；

(2) 如果 $f'(x)$ 的符号由负变正，则函数 $f(x)$ 在 x_0 处取得极小值，x_0 是极小值点；

(3) 如果 $f'(x)$ 的符号不改变，则函数 $f(x)$ 在 x_0 处没有极值。

若函数 $f(x)$ 在 x_0 点连续但不可导，仍可按照定理 3 的方法来判断 x_0 是否为函数 $f(x)$ 的极值点。

综合定理 2 和定理 3，可得求可导函数极值的一般步骤如下。

(Ⅰ) 求出函数的定义域，并求导数 $f'(x)$；

(Ⅱ) 求出函数全部的驻点(即方程 $f'(x)=0$ 的根)与导数不存在的点；

(Ⅲ) 用上述各点将函数的定义域划分为若干个小定义区间，逐个判断 $f'(x)$ 在各区间内的符号，确定函数 $f(x)$ 的极值点；

(Ⅳ) 将极值点代入函数 $f(x)$ 中，所得函数值即为所求极值。

例 5 求函数 $f(x)=x^3-3x^2-9x+5$ 的极值。

解 $f'(x)=3x^2-6x-9=3(x+1)(x-3)$，

令 $f'(x)=0$，得驻点 $x_1=-1, x_2=3$。列表 3-3 讨论如下。

表 3-3

x	$(-\infty,-1)$	-1	$(-1,3)$	3	$(3,+\infty)$
$f'(x)$	+	0	−	0	+
$f(x)$	↗	极大值	↘	极小值	↗

极大值 $f(-1)=10$，极小值 $f(3)=-22$。

函数 $f(x)=x^3-3x^2-9x+5$ 的图像如图 3-8 所示。

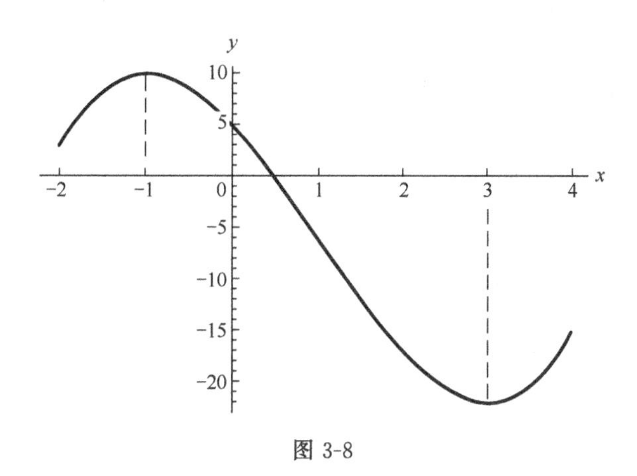

图 3-8

定理 4(极值的第二充分条件) 设函数 $f(x)$ 在 x_0 点的有二阶导数，若 $f'(x)=0$，$f''(x)\neq 0$，则

(1) 如果 $f''(x) < 0$,那么函数在 x_0 处取得极大值;

(2) 如果 $f''(x) > 0$,那么函数在 x_0 处取得极小值。

证明略。

值得注意的是:如果 $f''(x_0)=0$,则定理失效,不能判断函数 $f(x)$ 在驻点 x_0 处是否有极值。同样,本定理也无法判断函数 $f(x)$ 的不可导点是否为函数的极值点. 此时仍可用定理 3 来判定。

例 6 求函数 $f(x)=x^3+3x^2-24x-20$ 的极值。

解 $f'(x)=3x^2+6x-24=3(x+4)(x-2)$,$f''(x)=6x+6$,

令 $f'(x)=0$,得驻点 $x_1=-4, x_2=2$。

因为 $f''(-4)=-18<0$,故函数在 $x=-4$ 处取得极大值,极大值为 $f(-4)=60$;

$f''(2)=18>0$,故函数在 $x=2$ 处取得极小值,极小值为 $f(2)=-48$。

函数 $f(x)=x^3+3x^2-24x-20$ 的图像如图 3-9 所示。

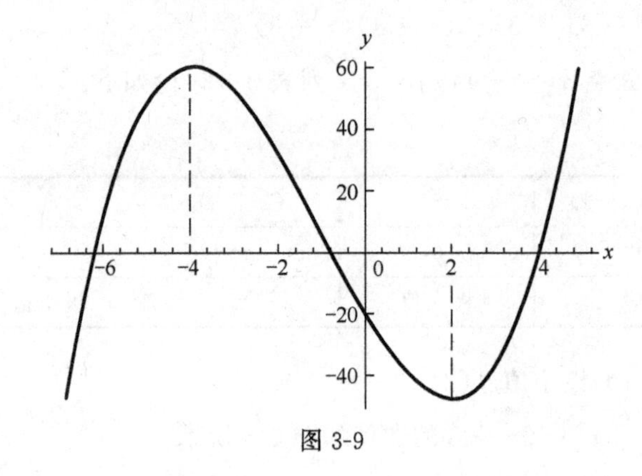

图 3-9

【同步训练 2】

求函数 $f(x)=\frac{1}{3}x^3-4x+4$ 的极值。

3.2.3 函数的最大值与最小值

在科学实验和生产实践中，常常会遇到如何求面积最大、用料最省、成本最低、利润最大等问题，这些都属于函数的最大值和最小值问题。函数的最值是一个全局性概念，它可能在区间内部的点上取得，也可能在区间端点处取得。如果函数的最大值(或最小值)在区间内部的点上取得，那么这个最大值(或最小值)一定是函数的某个极大值(或极小值)。由连续函数的性质可知，若函数 $f(x)$ 在 $[a,b]$ 上连续，则 $f(x)$ 在 $[a,b]$ 上存在最大值和最小值。

由此，我们可以得到求闭区间 $[a,b]$ 上连续函数 $f(x)$ 的最值的步骤：

(1) 求出 $f(x)$ 在开区间 (a,b) 内的所有驻点和不可导点，并求出相应的函数值；

(2) 求出 $f(x)$ 在端点的函数值 $f(a)$ 、$f(b)$ ；

(3) 比较所求的函数值的大小，即可找出函数的最大值和最小值。

注意：如果区间 (a,b) 内只有一个极值，则这个极值就是最值。

例 7 求函数 $y=2x^3+3x^2-12x+14$ 在区间 $[-3,4]$ 上的最大值与最小值。

解 $f'(x)=6x^2+6x-12=6(x+2)(x-1)$ ，

令 $f'(x)=0$，求得驻点 $x_1=-2,x_2=1$。

$f(-3)=23$，$f(-2)=34$，$f(1)=7$，$f(4)=142$，

比较得，最大值为 $f(4)=142$，最小值为 $f(1)=7$。

函数 $y=2x^3+3x^2-12x+14$ 区间 $[-3,4]$ 上的图像如图 3-10 所示。

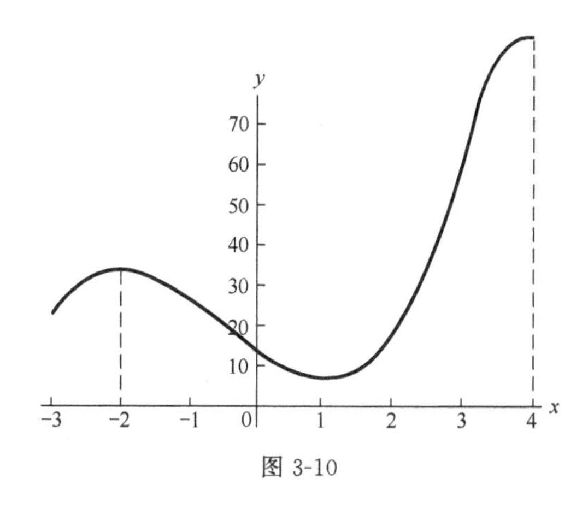

图 3-10

对实际问题求极值时，首先要建立目标函数，若目标函数在区间内只有唯一驻点，且可判断出实际问题本身在区间内一定有最值，则该驻点的函数值即为所求的最值(最大值或最小值)。

例 8 由直线 $y=0, x=8$ 及抛物线 $y=x^2$ 围成一个曲边三角形，在曲边 $y=x^2$ 上求一点，使得曲线在该点处的切线与直线 $y=0, x=8$ 所围成的三角形面积最大，并求三角形的最大面积。

解 设所求切点为 $P(x_0, y_0)$，如图 3-11 所示，则切线 PT 方程为 $y-y_0=2x_0(x-x_0)$，

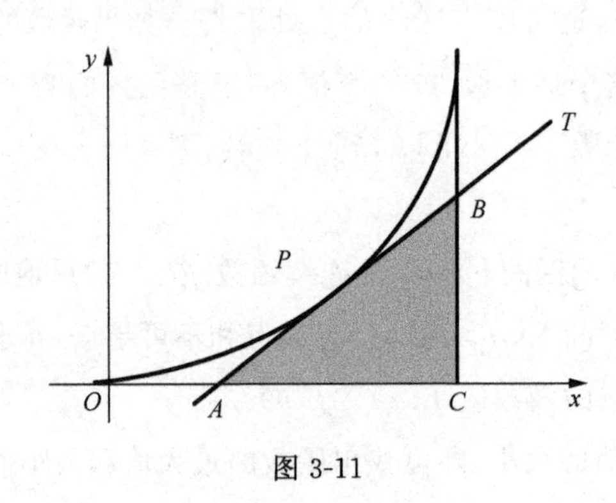

图 3-11

因为 $y_0=x_0^2$，

从而有 $A\left(\dfrac{1}{2}x_0, 0\right)$，$C(8,0)$，$B(8, 16x_0-x_0^2)$，

所以 $S_{\triangle ABC}=\dfrac{1}{2}\left(8-\dfrac{1}{2}x_0\right)(16x_0-x_0^2) \quad (0 \leqslant x_0 \leqslant 8)$，

令 $S'=\dfrac{1}{4}(3x_0^2-64x_0+16\times 16)=0$，$\quad x_0=\dfrac{16}{3}$，$x_0=16$（舍去）。

因为 $S''\left(\dfrac{16}{3}\right)=-8<0$，所以 $S\left(\dfrac{16}{3}\right)=\dfrac{4096}{27}$ 为极大值。

故 $S\left(\dfrac{16}{3}\right)=\dfrac{4096}{27}$ 为所有三角形中面积最大者。

例 9 某房地产公司有 50 套公寓要出租，当租金定为每月 180 元时，公寓会全部租出去。当租金每月增加 10 元时，就有一套公寓租不出去，而租出去的房子每月需花费 20 元的整修维护费。试问房租定为多少可获得最大收入，并求最大收入。

解 设房租为每月 x 元，租出去的房子有 $\left(50-\dfrac{x-180}{10}\right)$ 套，

则每月总收入为 $R(x)=(x-20)\left(50-\dfrac{x-180}{10}\right)=(x-20)\left(68-\dfrac{x}{10}\right)$。

$R'(x)=\left(68-\dfrac{x}{10}\right)+(x-20)\left(-\dfrac{1}{10}\right)=70-\dfrac{x}{5}$，

令 $R'(x)=0$，得 $x=350$（唯一驻点），

故每月每套租金为 350 元时收入最高，最大收入为 $R(350)=10890$（元）。

习题 3.2

1. 求下列函数的单调区间。

(1) $f(x)=12-12x+2x^2$；

(2) $f(x)=(x^2-4)^2$；

(3) $f(x)=2x^2-\ln x$；

(4) $f(x)=(x^2-2x)e^x$；

2. 求下列函数的极值。

(1) $f(x)=2x^3-3x^2$；

(2) $f(x)=2x^3-6x^2-18x+7$；

(3) $f(x)=4x^3-3x^2-6x+2$；

(4) $f(x)=\dfrac{x^3}{3}-\dfrac{x^2}{2}-2x+\dfrac{1}{3}$；

(5) $f(x)=2x-\ln(4x)^2$；

(6) $f(x)=x^2e^{-x}$。

3. 求下列函数在给定区间上的最大值和最小值。

(1) $f(x)=x^3-3x+1,[-2,0]$；

(2) $f(x)=x^5-5x^4+5x^3+1,[-1,2]$；

(3) $f(x)=x^4-2x^2+5,[-2,2]$；

(4) $f(x)=\dfrac{x^2}{1+x},\left[\dfrac{1}{2},1\right]$；

(5) $f(x)=2x^2-\ln x,\left[\dfrac{1}{3},3\right]$。

4. 一块边长为 a 的正方形薄片，从四角各截取一个小正方形，然后折成一个无盖的方盒子，问截取的小正方形的边长为多少时，方盒子的容量最大？

5. 做一个容积为 V 的带盖圆柱形容器，问底面半径和高的比值为多少时用料最省？

本节【同步训练 1】答案

函数单调性的判定见表 3-4。

表 3-4

x	$(-\infty,-4)$	-4	$(-4,2)$	2	$(2,+\infty)$
$f'(x)$	+	0	−	0	+
$f(x)$	↗		↘		↗

本节【同步训练 2】答案

极大值 $f(-2)=\frac{28}{3}$，极小值 $f(2)=-\frac{4}{3}$。

§3.3　导数在经济学上的应用

3.3.1　边际分析

边际概念是经济学中的一个重要概念，通常指经济变量的变化率，利用导数研究经济变量的边际变化方法，即边际分析方法，是经济理论中的一个重要分析方法。在经济学中，函数 $y=f(x)$ 在点 x 处的导数 $f'(x)$ 称为**边际函数**，下面我们介绍几种常用的边际函数。

1. 边际成本

设总成本函数为 $C=C(Q)$，其中，C 表示总成本，Q 表示产量，则称总成本函数 $C=C(Q)$ 的导数 $C'=C'(Q)$ $\left(\text{或者}\frac{\mathrm{d}C}{\mathrm{d}Q}\right)$ 为边际成本函数。

其经济意义为：当产量达到 Q 时，如果再增加一个单位产品，将增加的成本为 $C'(Q)$ 个单位。换言之，边际成本指的是每一单位新增生产的产品带来总成本的增量。这个概念表明每一单位的产品的成本与总产品量有关。比如，仅生产一辆汽车的成本是极其巨大的，而生产第 100 辆汽车的成本就低得多。但是随着生产量的增加，边际成本可能还会增加。

例 1　已知某商品的成本函数为 $C=C(Q)=100+\frac{Q^2}{4}$，求当 $Q=10$ 时的总成本、平均成本及边际成本。

解　由 $C=C(Q)=100+\frac{Q^2}{4}$，有

$$\overline{C}(Q)=\frac{C(Q)}{Q}=\frac{100}{Q}+\frac{Q}{4},C'=\frac{Q}{2}。$$

则当 $Q=10$ 时，

总成本 $C(10)=125$，平均成本 $\overline{C}(10)=12.5$，边际成本 $C'(10)=5$。

边际成本 $C'(10)=5$ 表示当生产第 11 件产品时所花费的成本为 5。

考虑：当生产量为多少时平均成本最小？

2. 边际收益

设总收益函数为 $R=R(Q)$，其中，R 表示总收益，Q 表示销售量，称总收益函数 $R(Q)$ 的导数 $R'(Q)$ 为边际收益函数。

总收益函数可表示为 $R=R(Q)=QP(Q)$，(其中 P 为价格)

则边际收益函数为 $R'(Q)=P(Q)+QP'(Q)$，

在经济学中，边际收益其经济意义为：在销售量为 Q 时，再多销售一个单位产品所增加(或减少)的收益，也可理解为最后一单位产品的售出所取得的收益，它可以是正值也可以是负值。

例 2　设某产品的需求函数为 $P=20-\dfrac{Q}{5}$，其中 P 为价格，Q 为销售量，求销售量为 15 个单位时的总收益、平均受益和边际收益。

解　总收益函数为

$$R(Q)=QP(Q)=Q\left(20-\frac{Q}{5}\right)=20Q-\frac{Q^2}{5},$$

于是，平均收益 $\overline{R}(Q)=\dfrac{R(Q)}{Q}$，边际收益 $R'(Q)=20-\dfrac{2}{5}Q$。

当销售量为 15 个单位时，

总收益为　$R(15)=20\times 15-\dfrac{15^2}{5}=255$，

平均收益为　$\overline{R}(15)=\dfrac{R(15)}{15}=\dfrac{255}{15}=17$，

边际收益为　$R'(15)=20-\dfrac{2}{5}\times 15=14$。

3. 边际利润

设总利润函数为 $L=L(Q)$，其中，L 表示利润，Q 表示销售量，称利润函数 $L(Q)$ 的导数 $L'(Q)$ 为边际利润函数。

在经济学中，边际利润的经济意义是指增加单位产量所增加的利润，即厂商每增加一单位的产出(或销量)所带来的纯利润的增加。边际利润的多少取决于边际收益和边际成本。

由第 1 章知，$L(Q)=R(Q)-C(Q)$，则

$$L'(Q)=R'(Q)-C'(Q),$$

即边际利润为边际收益与边际成本之差。因此,边际利润的多少取决于边际收益和边际成本。

由上可知,利润最大化的一个必要条件是边际收益等于边际成本,即 $R'(Q)=C'(Q)$。

例 3 设某产品的需求函数为 $P=10-\frac{Q}{5}$,成本函数为 $C=50+2Q$,求产量为多少时利润最大,并求最大利润。

解 由题意可得

$$R(Q)=QP(Q)=Q\left(10-\frac{Q}{5}\right)=10Q-\frac{Q^2}{5},$$

$$L(Q)=R(Q)-C(Q)=8Q-\frac{Q^2}{5}-50,$$

$$R'(Q)=10-\frac{2}{5}Q,\ C'(Q)=2。$$

要使得利润最大,则 $R'(Q)=C'(Q)$,即 $10-\frac{2}{5}Q=2$,求得 $Q=20$。

所以当 $Q=20$ 时,总利润最大。

最大利润为 $L(20)=8\times 20-\frac{20^2}{5}-50=30$。

3.3.2 弹性分析

弹性概念是经济学中的另一重要概念,用来定量地描述一个经济量对另一个经济量的变化程度。在经济学中,弹性是对供求相对于价格变动的反应程度进行定量分析的方法。

1. 函数的弹性

前面所谈的边际问题是讨论函数改变量与函数变化率,它们是绝对改变量和绝对变化率,但在经济学中要更多地研究函数的相对改变量和相对变化率,为此我们引进弹性的概念,它可以比较客观地反映一个经济量对另一个经济量改变的程度。

设函数 $y=f(x)$ 在 x 处可导,函数的相对改变量 $\frac{\Delta y}{y}=\frac{f(x+\Delta x)-f(x)}{f(x)}$ 与自变量的相对改变量 $\frac{\Delta x}{x}$ 之比 $\frac{\frac{\Delta y}{y}}{\frac{\Delta x}{x}}$,叫作函数在 x 到 $x+\Delta x$ 两点之间的弹性,这是一个平均概念,当 $\Delta x\to 0$ 时,有如下定义。

定义 1 设函数 $y=f(x)$ 在 x 处可导,且 $f(x)\neq 0$,当 $\Delta x\to 0$ 时,函数的相对改变量

与自变量的相对改变量之比 $\dfrac{\frac{\Delta y}{y}}{\frac{\Delta x}{x}}$ 的极限称为函数 $y=f(x)$ 在 x 处的**弹性函数**(简称**弹性**)，记为 $\dfrac{Ey}{Ex}$。即

$$\frac{Ey}{Ex}=\lim_{\Delta x\to 0}\frac{\frac{\Delta y}{y}}{\frac{\Delta x}{x}}=\lim_{\Delta x\to 0}\frac{\Delta y}{\Delta x}\cdot\frac{x}{y}=f'(x)\cdot\frac{x}{f(x)}。$$

在点 $x=x_0$ 处，$\left.\dfrac{Ey}{Ex}\right|_{x=x_0}=f'(x_0)\cdot\dfrac{x_0}{f(x_0)}$，称为 $y=f(x)$ 在 $x=x_0$ 处的弹性值。它表示当 x 改变1%时，函数 $f(x)$ 近似地改变 $\left|\left.\dfrac{Ey}{Ex}\right|_{x=x_0}\right|$ %。

例4 求函数 $y=3+2x$ 在 $x=3$ 处的弹性。

解 $y'=2$，由弹性定义有

$$\frac{Ey}{Ex}=y'\cdot\frac{x}{y}=\frac{2x}{3+2x},\left.\frac{Ey}{Ex}\right|_{x=3}=\frac{2\times 3}{3+2\times 3}=\frac{2}{3}。$$

例5 求幂函数 $y=x^{\alpha}$（α 为常数）的弹性函数。

解 $y'=\alpha x^{\alpha-1}$，由弹性定义有

$$\frac{Ey}{Ex}=\alpha x^{\alpha-1}\frac{x}{x^{\alpha}}=\alpha。$$

例6 求函数 $y=20\mathrm{e}^{-3x}$ 的弹性函数 $\dfrac{Ey}{Ex}$，并求 $\left.\dfrac{Ey}{Ex}\right|_{x=5}$。

解 由于 $y'=-60\mathrm{e}^{-3x}$，所以

$$\frac{Ey}{Ex}=f'(x)\frac{x}{f(x)}=-60\mathrm{e}^{-3x}\frac{x}{20\mathrm{e}^{-3x}}=-3x，$$

$$\left.\frac{Ey}{Ex}\right|_{x=5}=-3x\big|_{x=5}=-15。$$

2. 需求弹性

需求的价格弹性，在经济学中一般用来衡量需求的数量随商品的价格的变动而变动的情况。需求价格弹性是需求变动率与引起其变动的价格变动率的比率，反映商品价格与市场消费容量的关系，表明价格升降时需求量的增减程度，即当价格 P 改变1%时，需求函数 $Q(P)$ 近似地改变 $\left|\left.\dfrac{EQ}{EP}\right|_{P=P_0}\right|$ %。

通常用需求量变动的百分数与价格变动的百分数的比率来表示。

定义2 设商品的需求函数 $Q=Q(P)$ 在 P 处可导，称 $\dfrac{EQ}{EP}=Q'(P)\cdot\dfrac{P}{Q(P)}$ 为商品在

价格为 P 时的**需求价格弹性**(简称**需求弹性**)。

根据需求价格弹性的大小,可以把商品需求划分为五类:完全无弹性、缺乏弹性、单位弹性、富有弹性和无限弹性。

例 7 设某商品的需求函数 $Q(P)=e^{-\frac{P}{5}}$,求:

(1) 需求弹性函数;

(2) 当 $P=3,P=5,P=6$ 时的需求弹性。

解 (1) 因为 $Q'(P)=-\frac{1}{5}e^{-\frac{P}{5}}$,

所以 $$\frac{EQ}{EP}=-\frac{1}{5}e^{-\frac{P}{5}}\cdot\frac{P}{e^{-\frac{P}{5}}}=-\frac{P}{5}。$$

(2) 当 $P=3$ 时,$\left.\frac{EQ}{EP}\right|_{P=3}=-0.6$;

当 $P=5$ 时,$\left.\frac{EQ}{EP}\right|_{P=5}=-1$;

当 $P=6$ 时,$\left.\frac{EQ}{EP}\right|_{P=6}=-1.2$。

说明:

当 $P=3$ 时,价格上涨 1%,需求下降 0.6%,但下降的幅度不大;

当 $P=5$ 时,价格上涨 1%,需求下降 1%,价格与需求的变动相同;

当 $P=6$ 时,价格上涨 1%,需求下降 1.2%,下降的幅度比较大。

影响需求价格弹性的因素有以下几方面。

(Ⅰ) 商品对消费者生活的重要程度。一般来说,生活必需品的需求价格弹性较小,非必需品的需求价格弹性较大。例如,馒头的需求价格弹性是较小的,电影票的需求价格弹性是较大的。

(Ⅱ) 奢侈品大多富有弹性。另外,可替代的物品越多,性质越接近,弹性越大;反之则越小。如毛织品可被棉织品、丝织品、化纤品等替代。总之,奢侈品和有替代品的物品,这类消费者有较长的时间调整其行为的物品,需求的价格弹性比较大。

(Ⅲ) 购买商品的支出在人们收入中所占的比重大,弹性就大;比重小,弹性就小。比如买一包口香糖,一般不大会注意价格的变动。

(Ⅳ) 消费者调整需求量的时间。一般而言,消费者调整需求的时间越短,需求的价格弹性越小;相反调整时间越长,需求的价格弹性越大。如汽油价格上升,短期内不会影响其需求量,但长期人们可能寻找替代品,从而对需求量产生重大影响。

3. 供给弹性

供给弹性表示价格变动 1%引起供给量变动的程度。供给价格弹性同需求价格弹性一样，也是由供给量变动的百分比与价格变动的百分比的比值确定。

定义 3 设商品的供给函数 $Q=S(P)$ 在 P 处可导，称 $\frac{EQ}{EP}=S'(P)\frac{P}{Q}$ 为商品在价格为 P 时的**供给价格弹性**(简称**供给弹性**)。

3.3.3 极值的经济应用

函数的极值在实际应用中广泛存在，在工农业生产、经济管理和经济预算中，常常要解决在一定条件下怎么使得投入最小、产出最多和效益最高等问题。在经济活动中也经常会遇到用料最省、利润最大化等问题。这些问题通常都可以转化为数学中的函数问题来探讨，进而转化为求函数中最大(小)值问题。

1. 最小平均成本

设成本函数为 $C(Q)$，平均成本 $\overline{C}(Q)=\frac{C(Q)}{Q}$，

$$\overline{C}'(Q)=\frac{C'(Q)Q-C(Q)}{Q^2}。$$

若使平均成本在 Q_0 处取得极小值，应有 $\overline{C}'(Q)=0$，即 $C'(Q)Q-C(Q)=0$，从而有

$$C'(Q)=\frac{C(Q)}{Q}=\overline{C}(Q)，$$

即最小平均成本为 $\overline{C}(Q)=C'(Q)$。

可以得出这样一个结论：使平均成本为最小的生产量(生产水平)，正是使边际成本等于平均成本的生产量(生产水平)。

例 8 设某产品的成本函数 $C(Q)=\frac{1}{4}Q^2+3Q+400$(万元)，问产量为多少时，该产品的平均成本最小？求最小平均成本。

解 平均成本函数为 $\overline{C}(Q)=\frac{C(Q)}{Q}=\frac{1}{4}Q+3+\frac{400}{Q}, Q\in(0,+\infty)$，

求导得 $\overline{C}'(Q)=\frac{1}{4}-\frac{400}{Q^2}$。

令 $\overline{C}'(Q)=0$，得驻点 $Q=40$，由 $\overline{C}''(Q)=\frac{800}{Q^3}>0$，

可知 $\overline{C}(Q)$ 在 $Q=40$ 处有极小值，且为 $(0,+\infty)$ 内的唯一极小值，即最小值。

$$\overline{C}(40)=\frac{1}{4}\times 40+3+\frac{400}{40}=23\ (\text{万元/单位})。$$

因此，当产量为 40 单位时，该产品的平均成本最小，最小平均成本为 23 万元/单位。

2. 最大利润

设收益函数为 $R(Q)$，成本函数为 $C(Q)$，利润函数 $L(Q)=R(Q)-C(Q)$。

$$L'(Q)=R'(Q)-C'(Q)，$$

为使利润达到最大，其 $L'(Q)=0$，有 $R'(Q)=C'(Q)$。

由此可知，要使利润达到最大，须边际收益等于边际成本。

例 9 某厂每批生产 Q 台商品的成本为 $C(Q)=5Q+200$(万元)，得到的收益为 $R(Q)=10Q-0.01Q^2$(万元)，问每批生产多少台才能使利润最大?

解 $L(Q)=R(Q)-C(Q)=5Q-0.01Q^2-200Q, \in (0,+\infty)$，

$$L'(Q)=5-0.02Q。$$

令 $L'(Q)=0$，得驻点 $Q=250$(台)。由 $L''(Q)=-0.02<0$ 知函数有最大值，即

$$L(250)=425\ (\text{万元})，$$

所以每批生产 250 台，就可以获得最大利润 425 万元。

例 10 某产品的需求函数为 $P=240-0.2Q$，成本函数 $C(Q)=80Q+2000$(元)，问产量的价格分别是多少时，该产品的利润最大? 并求最大利润。

解 收益函数为 $R(Q)=P(Q)Q=(240-0.2Q)Q=240Q-0.2Q^2, Q\in(0,+\infty)$，

利润函数为 $L(Q)=R(Q)-C(Q)=160Q-0.2Q^2-2000, Q\in(0,+\infty)$，

$L'(Q)=160-0.4Q$。

令 $L'(Q)=0$，得驻点 $Q=400$(台)。由 $L''(Q)=-0.4<0$ 知函数有最大值，即

$$L(400)=30000\ (\text{元}),\ P=160\ (\text{元/单位})，$$

所以当产量 $Q=400$ 单位，价格为 $P=160$ 元/单位时，该产品的利润最大，最大利润为 30000 元。

【同步训练】

若生产一批某产品，当产量为 x 台时其总成本是 $C(x)=500+100x$ (元)，其收益是 $R(x)=500x-2x^2$(元)。

(1) 求边际成本函数及边际收益函数;

(2) 问当产量为多少时，总利润最大? 并求最大利润。

习题 3.3

1. 设某产品的成本函数 $C(Q)=1100+\dfrac{Q^2}{1200}$，求生产 900 个单位产品时的总成本、平均成本和边际成本。

2. 某产品生产 Q 单位的收益函数为 $R(Q)=200Q-0.01Q^2$，求生产 50 个单位的边际收益。

3. 设某产品的总成本函数 $C(Q)=100+6Q-0.4Q^2+0.02Q^3$(万元)，问当生产水平为 10

万件时，平均成本和边际成本各是多少？从降低单位成本的角度来讲，继续提高产量是否得当？

4. 设某产品需求量关于价格的函数为 $Q=f(P)=e^{-\frac{P}{4}}$ ，求当 $P=3$，$P=4$，$P=5$ 时，需求对价格的弹性。并说明其经济意义。

5. 设某产品的成本函数 $C(Q)=0.5Q^2+20Q+3200$(元)，问产量为多少时，该产品的平均成本最小？求最小平均成本。

6. 设某产品的成本函数 $C(Q)=1600+65Q-2Q^2$(元)，收益函数是 $R(Q)=305Q-5Q^2$(元)，问产量为多少时，该产品的利润最大？

7. 某商品的价格 P 与需求量 Q 的关系为 $P=10-\dfrac{Q}{5}$ 。

(1) 求需求量为 20 及 30 时的总收益 R ，平均收益 $\overline{R}$ 及边际收益 R' ；

(2) 当 Q 为多少时，总收益最大？

8. 某产品的需求函数是 $P=10-0.01Q$ ，生产该产品的固定成本为 200 元，每生产一个单位的产品成本增加 5 元，问产量为多少时，该产品的利润最大？并求最大利润。

9. 某厂生产某种产品 Q 件时的总成本函数为 $C(Q)=20+4Q+0.01Q^2$(元)，单位销售价格 $P=14-0.01Q$ (元/件)，求收入函数 $R(Q)$ 。产量(销售量)为多少时可使利润达到最大？最大利润是多少？

10. 某商店按批发价 3 元买进一批商品零售，若零售价定为每件 5 元，估计可售出 100 件，若每件售价降低 0.2 元，则可多售出 20 件，问该商店应批发多少件，每件售价多少才可获得最大利润？最大利润是多少？

本节【同步训练】答案

(1) 边际成本函数为 $C'(x)=100$； 边际收益函数为 $R'(x)=500-4x$ 。

(2) 利润函数为 $L(x)=R(x)-C(x)=400x-2x^2-500$，

由 $L'(x)=400-4x=0$，得唯一驻点 $x=100$(台)，

又 $L''(100)=-4<0$，于是 $x=100$ 是最大值点，

所以 $x=100$(台)时总利润最大，最大利润为 $L(100)=19500$(元)。

第4章　不定积分

【学习目标】

理解原函数、不定积分的概念。

掌握不定积分的性质及基本积分公式。

掌握第一类换元积分法的内容、技巧和方法。

掌握第二类换元积分法的内容，会用第二类换元积分法计算不定积分。

掌握分部积分法计算不定积分。

前面我们学习讨论了求已知函数的导数或微分问题，但在许多实际问题中往往还需要研究相反的问题。由此就产生了积分学，积分学包括不定积分和定积分两部分。本章介绍不定积分的概念、性质及基本积分方法，下章介绍定积分。

§4.1　不定积分的概念及性质

4.1.1　原函数的概念

我们已经学过，作直线运动的物体的路程函数 $s=s(t)$ 对时间 t 的导数，就是这一物体的速度函数 $v=v(t)$，即

$$s'(t)=v(t)\text{。}$$

在实际问题中，还需要解决相反的问题：已知物体的速度函数 $v(t)$，求路程函数 $s=s(t)$。譬如，对于自由落体运动来说，如果已知速度 $v=gt$，如何从等式 $s'(t)=gt$ 求经历的路程 $s(t)$ 呢？

不难想到函数 $s(t)=\frac{1}{2}gt^2$ 就是我们所要求的路程函数，因为

$$\left(\frac{1}{2}gt^2\right)'=gt\text{。}$$

以上问题如果去掉物理意义而单纯从数学角度来讨论，就是已知某函数的导数，求原来这个函数的问题，这就形成了“原函数”的概念。

定义 1　设函数 $y=f(x)$ 在某区间上有定义，若存在 $F(x)$，使得在该区间任一点处，均有

$$F'(x)=f(x) \text{ 或 } \mathrm{d}F(x)=f(x)\mathrm{d}x \text{ ,}$$

则称函数 $F(x)$ 为 $f(x)$ 在该区间上的一个原函数。

例如,函数 x^3 是函数 $3x^2$ 的一个原函数,这是因为 $(x^3)'=3x^2$ 或 $\mathrm{d}(x^3)=3x^2\mathrm{d}x$ 。但我们又知 $(x^3+1)'=3x^2$,$(x^3-2)'=3x^2$ 等,一般地 $(x^3+C)'=3x^2$(C 为任意常数)。可见 $3x^2$ 的原函数不是唯一的,而是有无限多个,并且任意两个原函数之间只相差一个常数。那么此现象对任何函数是否都成立呢?

定理 1(原函数存在定理) 如果函数 $f(x)$ 在某区间上连续,则函数 $f(x)$ 在该区间上的原函数必定存在。

定理 2(原函数族定理) 若 $F(x)$ 是 $f(x)$ 的一个原函数,则 $F(x)+C$ 是 $f(x)$ 的全部原函数,其中 C 为任意常数。

4.1.2 不定积分的概念

定义 2 设 $F(x)$ 是 $f(x)$ 在区间 I 上的一个原函数,则称 $f(x)$ 的全部原函数 $F(x)+C$ (C 为任意常数)为 $f(x)$ 在区间 I 上的不定积分,记为 $\int f(x)\mathrm{d}x$,即

$$\int f(x)\mathrm{d}x=F(x)+C \text{ 。}$$

其中,符号 $\int$ 称为积分号,$f(x)$ 称为被积函数,$f(x)\mathrm{d}x$ 称为被积表达式,x 称为积分变量,C 称为积分常数。

值得注意的是:

(1) 积分号“$\int$”是一种运算符号,它表示要对已知函数 $f(x)$ 求其全部的原函数,因此,在不定积分的结果中必须加上任意常数 C ;

(2) 求 $\int f(x)\mathrm{d}x$ 其实就是问哪些函数的导数为 $f(x)$,而绝不是去求 $f(x)$ 的导函数,初学者常会混淆。

例 1 求下列函数的不定积分。

(1) $\int x\mathrm{d}x$;(2) $\int \cos x\mathrm{d}x$;(3) $\int \mathrm{e}^x\mathrm{d}x$;(4) $\int \frac{\mathrm{d}x}{1+x^2}$ 。

解 (1)因为 $\left(\frac{x^2}{2}\right)'=x$,所以 $\int x\mathrm{d}x=\frac{x^2}{2}+C$;

(2) 因为 $(\sin x)'=\cos x$,所以 $\int \cos x\mathrm{d}x=\sin x+C$;

(3) 因为 $(\mathrm{e}^x)'=\mathrm{e}^x$,所以 $\int \mathrm{e}^x\mathrm{d}x=\mathrm{e}^x+C$;

(4) 因为 $(\arctan x)'=\dfrac{1}{1+x^2}$，所以 $\int\dfrac{dx}{1+x^2}=\arctan x+C$。

例 2 求不定积分 $\int\dfrac{1}{x}dx\,(x\neq 0)$。

解 当 $x>0$ 时，因为 $(\ln x)'=\dfrac{1}{x}$，所以 $\int\dfrac{1}{x}dx=\ln x+C$；

当 $x<0$ 时，因为 $[\ln(-x)]'=\dfrac{1}{-x}\cdot(-x)'=\dfrac{1}{x}$，所以 $\int\dfrac{1}{x}dx=\ln(-x)+C$。

合并上面两式，得到

$$\int\frac{1}{x}dx=\ln|x|+C\ (x\neq 0)。$$

由不定积分的定义可知，当不计一常数之差时积分运算与微分（导数）互为逆运算，它们有如下关系。

(1) $[\int f(x)dx]'=f(x)$ 或 $d[\int f(x)dx]=f(x)dx$；

(2) $\int f'(x)dx=f(x)+C$ 或 $\int d[f(x)]=f(x)+C$。

这就是说：对函数 $f(x)$ 而言，若先积分再求导数（或微分），两者的作用相互抵消；若先求导数（或微分）后积分，则应在抵消后再加上任意常数 C。

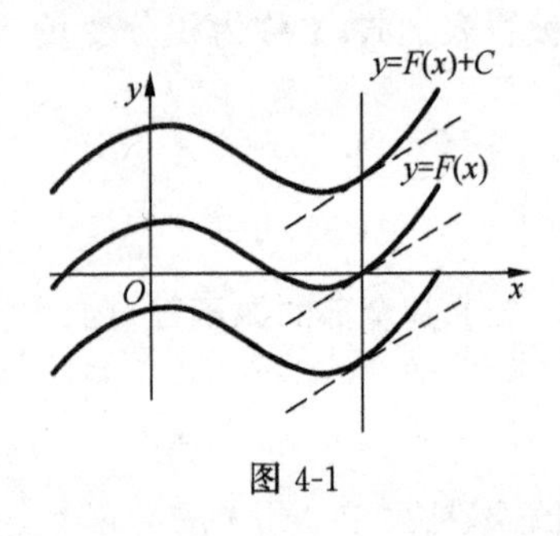

图 4-1

注：由于不定积分 $\int f(x)dx=F(x)+C$ 的结果中含有任意常数 C，所以不定积分表示的不是一个原函数，而是无限多个（全部）原函数，通常称为原函数族，反映在几何上则是一族曲线，它是曲线 $y=F(x)$ 沿 y 轴上下平移得到的，如图 4-1 所示。这族曲线称为 $f(x)$ 的积分曲线族，这就是不定积分的几何意义。

例 3 求过点 $(1,0)$，斜率为 $2x$ 的曲线方程。

解 设所求的曲线方程为 $y=f(x)$。

由题意得 $$k=y'=2x,$$

则 $$y=\int 2x\,dx=x^2+C。$$

又因为曲线过点 $(1,0)$，代入上式有 $0=1+C$，得 $C=-1$。

于是所求曲线方程为 $y=x^2-1$。

4.1.3 基本积分公式

由于求不定积分是求导数（微分）的逆运算，因此由导数公式就可以相应地得到不定积分的基本公式，现归纳如下。

(1) $\int k\,\mathrm{d}x = kx + C$ (k 为常数)；

(2) $\int x^{\mu}\,\mathrm{d}x = \dfrac{1}{\mu+1}x^{\mu+1} + C\ (u \neq -1)$；

(3) $\int \dfrac{1}{x}\mathrm{d}x = \ln|x| + C$；

(4) $\int \mathrm{e}^{x}\,\mathrm{d}x = \mathrm{e}^{x} + C$；

(5) $\int a^{x}\,\mathrm{d}x = \dfrac{a^{x}}{\ln a} + C$；

(6) $\int \cos x\,\mathrm{d}x = \sin x + C$；

(7) $\int \sin x\,\mathrm{d}x = -\cos x + C$；

(8) $\int \sec^{2}x\,\mathrm{d}x = \tan x + C$；

(9) $\int \csc^{2}x\,\mathrm{d}x = -\cot x + C$；

(10) $\int \sec x\tan x\,\mathrm{d}x = \sec x + C$；

(11) $\int \csc x\cot x\,\mathrm{d}x = -\csc x + C$；

(12) $\int \dfrac{1}{\sqrt{1-x^{2}}}\mathrm{d}x = \arcsin x + C$；

(13) $\int \dfrac{1}{1+x^{2}}\mathrm{d}x = \arctan x + C$。

以上 13 个公式是求不定积分的基础，读者必须熟记。

4.1.4 不定积分的性质

性质 1 两函数代数和的不定积分等于各函数不定积分的代数和，即

$$\int [f(x) \pm g(x)]\mathrm{d}x = \int f(x)\mathrm{d}x \pm \int g(x)\mathrm{d}x。$$

可推广到有限个函数代数和的情况，即

$$\int [f_1(x) \pm f_2(x) \pm \cdots \pm f_n(x)]\mathrm{d}x = \int f_1(x)\mathrm{d}x \pm \int f_2(x)\mathrm{d}x \pm \cdots \pm \int f_n(x)\mathrm{d}x。$$

性质 2 非零常数因子可提到积分号外，即

$$\int k\cdot f(x)\mathrm{d}x = k\int f(x)\mathrm{d}x\ (k\ 是常数, k \neq 0)。$$

性质 1 与性质 2 结合可以得

$$\int [k_1\cdot f(x) \pm k_2\cdot g(x)]\mathrm{d}x = k_1\int f(x)\mathrm{d}x \pm k_2\int g(x)\mathrm{d}x。$$

利用上述性质和基本积分公式可以直接求出一些简单的不定积分(直接积分法)。

4.1.5 直接积分法

例 4 求 $\int\left(2\sin x - \dfrac{3}{x} + \mathrm{e}^{x} - 5\right)\mathrm{d}x$。

解 $\int\left(2\sin x - \dfrac{3}{x} + \mathrm{e}^{x} - 5\right)\mathrm{d}x = 2\int \sin x\,\mathrm{d}x - 3\int \dfrac{1}{x}\mathrm{d}x + \int \mathrm{e}^{x}\,\mathrm{d}x - \int 5\,\mathrm{d}x$

$$=-2(\cos x+C_1)-3(\ln|x|+C_2)+(e^x+C_3)-5(x+C_4)$$
$$=-2\cos x-3\ln|x|+e^x-5x-2C_1-3C_2+C_3-5C_4$$
$$=-2\cos x-3\ln|x|+e^x-5x+C,$$

其中，$C=-2C_1-3C_2+C_3-5C_4$ 仍为任意常数。

今后求不定积分时，只需分别对每个被积函数求出一个原函数后再统一加上一个积分常数 C 即可：

$$\int\left(2\sin x-\frac{3}{x}+e^x-5\right)dx=2\int\sin x\,dx-3\int\frac{1}{x}dx+\int e^x\,dx-\int 5dx$$
$$=-2\cos x-3\ln|x|+e^x-5x+C\text{。}$$

在进行不定积分计算时，有时需要把被积函数做适当的变形，再利用不定积分的性质及基本积分公式进行积分。

例 5 求 $\int(1-\sqrt{x})(2x^2+3)dx$ 。

解 $\int(1-\sqrt{x})(2x^2+3)dx=\int(3-3x^{\frac{1}{2}}+2x^2-2x^{\frac{5}{2}})dx$

$$=3x-3\cdot\frac{x^{\frac{1}{2}+1}}{\frac{1}{2}+1}+2\cdot\frac{x^{2+1}}{2+1}-2\cdot\frac{x^{\frac{5}{2}+1}}{\frac{5}{2}+1}+C$$
$$=3x-2x^{\frac{3}{2}}+\frac{2}{3}x^3-\frac{4}{7}x^{\frac{7}{2}}+C\text{。}$$

例 6 求 $\int\frac{(x-1)^2}{x}dx$ 。

解 $\int\frac{(x-1)^2}{x}dx=\int\frac{x^2-2x+1}{x}dx=\int\left(x-2+\frac{1}{x}\right)dx=\frac{1}{2}x^2-2x+\ln|x|+C$。

例 7 求 $\int\frac{1+x+x^2}{x(1+x^2)}dx$ 。

解 $\int\frac{1+x+x^2}{x(1+x^2)}dx=\int\frac{x+(1+x^2)}{x(1+x^2)}dx=\int\left(\frac{1}{1+x^2}+\frac{1}{x}\right)dx$

$$=\int\frac{1}{1+x^2}dx+\int\frac{1}{x}dx=\arctan x+\ln|x|+C\text{。}$$

例 8 求 $\int\frac{x^2}{1+x^2}dx$ 。

解 $\int\frac{x^2}{1+x^2}dx=\int\frac{(x^2+1)-1}{1+x^2}dx=\int\left(1-\frac{1}{1+x^2}\right)dx=x-\arctan x+C$。

思考题：如何求 $\int\frac{x^4}{1+x^2}dx$ ？

例 9 求$\int(3^x+2^x)^2\mathrm{d}x$。

解
$$\int(3^x+2^x)^2\mathrm{d}x=\int[(3^x)^2+2\cdot3^x\cdot2^x+(2^x)^2]\mathrm{d}x$$
$$=\int9^x\mathrm{d}x+2\int6^x\mathrm{d}x+\int4^x\mathrm{d}x$$
$$=\frac{9^x}{\ln9}+2\frac{6^x}{\ln6}+\frac{4^x}{\ln4}+C$$
$$=\frac{(3^x)^2}{2\ln3}+2\frac{3^x\cdot2^x}{\ln3+\ln2}+\frac{(2^x)^2}{2\ln2}+C。$$

当被积函数含三角函数时,可先进行三角函数变换,再积分。

例 10 求$\int\tan^2x\mathrm{d}x$。

解 $\int\tan^2x\mathrm{d}x=\int(\sec^2x-1)\mathrm{d}x=\int\sec^2x\mathrm{d}x-\int1\mathrm{d}x=\tan x-x+C$。

例 11 求$\int\sin^2\frac{x}{2}\mathrm{d}x$。

解 $\int\sin^2\frac{x}{2}\mathrm{d}x=\int\frac{1}{2}(1-\cos x)\mathrm{d}x=\int\frac{1}{2}\mathrm{d}x-\frac{1}{2}\int\cos x\mathrm{d}x=\frac{1}{2}(x-\sin x)+C$。

例 12 求$\int\frac{\mathrm{d}x}{\sin^2x\cdot\cos^2x}$。

解
$$\int\frac{\mathrm{d}x}{\sin^2x\cdot\cos^2x}=\int\frac{\sin^2x+\cos^2x}{\sin^2x\cdot\cos^2x}\mathrm{d}x=\int\frac{1}{\cos^2x}\mathrm{d}x+\int\frac{1}{\sin^2x}\mathrm{d}x$$
$$=\int\sec^2x\mathrm{d}x+\int\csc^2x\mathrm{d}x=\tan x-\cot x+C。$$

【同步训练】

1. 已知$y=\cos x$是函数$y=f(x)$的一个原函数,则$\int f(x)\mathrm{d}x=$________。

2. 求下列不定积分。

(1) $\int\left(\mathrm{e}^3+x^3\sqrt{x}-\frac{2}{x}\right)\mathrm{d}x$;　　(2) $\int\frac{x^2+\sqrt{x^3}-3}{x}\mathrm{d}x$;

(3) $\int \frac{x^4}{1+x^2}\mathrm{d}x$；　　(4) $\int \frac{1}{x^2(1+x^2)}\mathrm{d}x$。

习题 4.1

1. 判断下列各式是否成立。

(1) $\int \sin x\mathrm{d}x = -\cos x + C$；　　(2) $\int x^2\mathrm{d}x = x^3\mathrm{d}x$；

(3) $\int (-4)x^{-3}\mathrm{d}x = x^{-4} + C$；　　(4) $\int 3^x\mathrm{d}x = 3^x + C$。

2. 求经过点(2,1)，且切线斜率为 $3x$ 的曲线方程。

3. 一物体由静止开始做变速直线运动，在 ts 末的速度是 $2t+30$(m/s)，问：

(1) 经过 5s 后，物体离开出发点的距离是多少？

(2) 物体走完 1000m 需要多少时间？

4. 求下列不定积分。

(1) $\int \sqrt{x}(x^2-5)\mathrm{d}x$；　　(2) $\int (\mathrm{e}^x - 3\cos x)\mathrm{d}x$；

(3) $\int \frac{(x-1)^3}{x^2}\mathrm{d}x$；　　(4) $\int 2^x + \frac{3}{\sqrt{1-x^2}}\mathrm{d}x$；

(5) $\int 10^t \cdot 3^{2t}\mathrm{d}t$；　　(6) $\int \left(1-\frac{2}{x}\right)^2\mathrm{d}x$；

(7) $\int \frac{x^4+x^2-1}{x^2+1}\mathrm{d}x$；　　(8) $\int \sec x(\sec x - \tan x)\mathrm{d}x$；

(9) $\int \frac{\cos 2x}{\sin x + \cos x}\mathrm{d}x$；　　(10) $\int \cot^2 x\mathrm{d}x$；

(11) $\int \frac{3-\sin^2 x}{\cos^2 x}\mathrm{d}x$；　　(12) $\int \frac{1+\cos^2 x}{1+\cos 2x}\mathrm{d}x$。

本节【同步训练】答案

1. $\cos x + C$。

2. (1) $e^3x+\frac{2}{9}x^{\frac{9}{2}}-2\ln|x|+C$； (2) $\frac{x^2}{2}+\frac{2}{3}x^{\frac{3}{2}}-3\ln|x|+C$；

(3) $\frac{x^3}{3}-x+\arctan x+C$； (4) $-\frac{1}{x}-\arctan x+C$。

§4.2 换元积分法

用直接积分法所能计算的不定积分是非常有限的，因此必须进一步研究不定积分的求法。把复合函数的求导法则反过来用于求不定积分，利用中间变量的代换，可以得到不定积分的换元积分法（简称换元法）。换元法分为第一类换元积分法和第二类换元积分法两类。

4.2.1 第一类换元积分法

我们先看一个例子，求 $\int\cos 5x\,dx$ 。显然，由于被积函数 $\cos 5x$ 是复合函数，所以不能利用基本积分公式 $\int\cos x\,dx=\sin x+C$ 求其积分，因为该基本积分公式的特点是被积表达式中函数符号“cos”下的变量 x 与微分符号“d”下的变量 x 是相同的。由此我们想到可将 dx 改写为以 $d(5x)$ 表示的形式：$dx=\frac{1}{5}d(5x)$，从而积分 $\int\cos 5x\,dx$ 恒等变形为 $\frac{1}{5}\int\cos 5x\,d(5x)$，若将变量 $5x$ 用新变量 u 表示：$u=5x$，则有

$$\begin{aligned}\int\cos 5x\,dx&=\frac{1}{5}\int\cos 5x\,d(5x)\\&=\frac{1}{5}\int\cos u\,du=\frac{1}{5}\sin u+C=\frac{1}{5}\sin 5x+C。\end{aligned}$$

再看一个例子，求 $\int(2x+1)^{10}dx$ 。若对被积函数 $(2x+1)^{10}$ 展开后用直接积分法求积分，虽可行但势必很麻烦。我们看到 $(2x+1)^{10}$ 是一个复合函数，同样可将 dx 改写成以 $d(2x+1)$ 表示的形式：$dx=\frac{1}{2}d(2x+1)$，可引入新变量 $u=2x+1$，则有

$$\begin{aligned}\int(2x+1)^{10}dx&=\frac{1}{2}\int(2x+1)^{10}d(2x+1)\\&=\frac{1}{2}\int u^{10}du=\frac{u^{11}}{22}+C=\frac{1}{22}(2x+1)^{11}+C。\end{aligned}$$

综上可见，上述解法的特点是引入新变量 $u=\varphi(x)$，从而把原积分化为关于新的积分变量 u 的一个简单的积分，再利用基本积分公式求解即可。

以上做法可以归结为下面的定理。

定理 1(第一类换元积分法) 若 $\int f(u)\mathrm{d}u = F(u)+C$,且 $u=\varphi(x)$ 可导,则

$$\int f[\varphi(x)]\varphi'(x)\mathrm{d}x = F[\varphi(x)]+C。$$

第一类换元积分法也叫凑微分法,其解题步骤如下。

(1) 凑微分,即 $\int f[\varphi(x)]\varphi'(x)\mathrm{d}x \xlongequal{\text{凑微分}} \int f[\varphi(x)]\mathrm{d}(\varphi(x))$;

(2) 换元、积分,即 $\int f[\varphi(x)]\mathrm{d}(\varphi(x)) \xlongequal[\text{令 }\varphi(x)=u]{\text{换元}} \int f(u)\mathrm{d}u \xlongequal{\text{积分}} F(u)+C$;

(3)回代,即 $\int f(u)\mathrm{d}u = F(u)+C = F[\varphi(x)]+C$ 。

以下介绍用第一类换元积分法求两种类型的不定积分。

1. $\int f(ax+b)\mathrm{d}x$ 型

由于 $\mathrm{d}x = \frac{1}{a}\mathrm{d}(ax+b)$,所以有

$$\begin{aligned}\int f(ax+b)\mathrm{d}x &= \frac{1}{a}\int f(ax+b)\mathrm{d}(ax+b)\\ &= \frac{1}{a}\int f(u)\mathrm{d}u = \frac{1}{a}F(u)+C \ (\text{令 } ax+b=u)\\ &= \frac{1}{a}F(ax+b)+C。\end{aligned}$$

例 1 求 $\int \sin(3x+5)\mathrm{d}x$ 。

解 $\int \sin(3x+5)\mathrm{d}x = \frac{1}{3}\int \sin(3x+5)\mathrm{d}(3x+5) \xlongequal{\text{令 }3x+5=u} \frac{1}{3}\int \sin u\,\mathrm{d}u$

$$= -\frac{1}{3}\cos u + C = -\frac{1}{3}\cos(3x+5)+C。$$

例 2 求 $\int \frac{1}{x+1}\mathrm{d}x$ 。

解 $\int \frac{1}{x+1}\mathrm{d}x = \int \frac{1}{x+1}\mathrm{d}(x+1) \xlongequal{\text{令 }x+1=u} \int \frac{1}{u}\mathrm{d}u = \ln|u|+C = \ln|x+1|+C。$

思考题:如何求 $\int \frac{x}{x+1}\mathrm{d}x$, $\int \frac{x^2}{x+1}\mathrm{d}x$?

例 3 求 $\int (2x-1)^3\mathrm{d}x$ 。

解 $\int (2x-1)^3\mathrm{d}x = \frac{1}{2}\int (2x-1)^3\mathrm{d}(2x-1) \xlongequal{\text{令 }2x-1=u} \frac{1}{2}\int u^3\mathrm{d}u = \frac{1}{8}u^4+C$

$$=\frac{1}{8}(2x-1)^4+C\text{。}$$

2. $\int f[\varphi(x)]g(x)\mathrm{d}x$ 型

其中，$g(x)$ 正好是 $\varphi'(x)$ 或 $\alpha\cdot\varphi'(x)$（α 为某确定常数）。

一般地，有 $$g(x)\mathrm{d}x=\frac{1}{\alpha}\mathrm{d}(\varphi(x)),$$

所以
$$\begin{aligned}\int f(\varphi(x))g(x)\mathrm{d}x&=\frac{1}{\alpha}\int f(\varphi(x))\mathrm{d}(\varphi(x))\\&=\frac{1}{\alpha}\int f(u)\mathrm{d}u=\frac{1}{\alpha}F(u)+C\\&=\frac{1}{\alpha}F(\varphi(x))+C\text{。}\end{aligned}$$

例 4 求 $\int 2x\mathrm{e}^{x^2}\mathrm{d}x$。

解 $\int 2x\cdot\mathrm{e}^{x^2}\mathrm{d}x=\int\mathrm{e}^{x^2}\mathrm{d}(x^2)\xlongequal{令\,x^2=u}\int\mathrm{e}^u\mathrm{d}u=\mathrm{e}^u+C=\mathrm{e}^{x^2}+C$。

例 5 求 $\int\frac{\sin\sqrt{x}}{\sqrt{x}}\mathrm{d}x$。

解 $$\begin{aligned}\int\frac{\sin\sqrt{x}}{\sqrt{x}}\mathrm{d}x&=2\int\sin\sqrt{x}\,\mathrm{d}(\sqrt{x})\xlongequal{令\sqrt{x}=u}2\int\sin u\,\mathrm{d}u=-2\cos u+C\\&=-2\cos\sqrt{x}+C\text{。}\end{aligned}$$

例 6 求 $\int\frac{\ln^3x}{x}\mathrm{d}x$。

解 $\int\frac{\ln^3x}{x}\mathrm{d}x=\int\ln^3x\,\mathrm{d}(\ln x)\xlongequal{令\,\ln x=u}\int u^3\mathrm{d}u=\frac{u^4}{4}+C=\frac{\ln^4x}{4}+C$。

当此方法使用比较熟练后，可略去中间的换元步骤，直接用凑微分法凑成基本积分公式的形式，即可求得不定积分。

例 7 求 $\int\cos^2x\sin x\,\mathrm{d}x$。

解 $\int\cos^2x\sin x\,\mathrm{d}x=-\int\cos^2x\,\mathrm{d}(\cos x)=-\frac{1}{3}\cos^3x+C$。

例 8 求 $\int\frac{\mathrm{e}^x}{3+5\mathrm{e}^x}\mathrm{d}x$。

解 $\int\frac{\mathrm{e}^x}{3+5\mathrm{e}^x}\mathrm{d}x=\int\frac{1}{3+5\mathrm{e}^x}\mathrm{d}(\mathrm{e}^x)=\frac{1}{5}\int\frac{1}{3+5\mathrm{e}^x}\mathrm{d}(3+5\mathrm{e}^x)=\frac{1}{5}\ln(3+5\mathrm{e}^x)+C$。

凑微分法运用的难点在于原题并未指明哪一部分是 $f(\varphi(x))$，哪一部分凑成微分式

$d(\varphi(x))$。这需要有一定的解题经验，如果熟记下列一些凑微分的表达式，对凑微分法的使用和掌握有很大帮助，解题中也会带来方便。

$x\mathrm{d}x=\frac{1}{2}\mathrm{d}(x^2)$；　$\frac{1}{\sqrt{x}}\mathrm{d}x=2\mathrm{d}(\sqrt{x})$；　$\mathrm{e}^x\mathrm{d}x=\mathrm{d}(\mathrm{e}^x)$；

$\mathrm{e}^{ax}\mathrm{d}x=\frac{1}{a}\mathrm{d}(\mathrm{e}^{ax})$；　$\frac{1}{x}\mathrm{d}x=\mathrm{d}(\ln x)$；　$\sin x\mathrm{d}x=-\mathrm{d}(\cos x)$；

$\cos x\mathrm{d}x=\mathrm{d}(\sin x)$；　$\sec^2 x\mathrm{d}x=\mathrm{d}(\tan x)$；　$\csc^2 x\mathrm{d}x=-\mathrm{d}(\cot x)$；

$\frac{1}{\sqrt{1-x^2}}\mathrm{d}x=\mathrm{d}(\arcsin x)$；　$\frac{1}{1+x^2}\mathrm{d}x=\mathrm{d}(\arctan x)$。

【同步训练1】

计算下列不定积分。

(1) $\int\frac{x}{x+1}\mathrm{d}x$；　　(2) $\int\frac{x^2}{x+1}\mathrm{d}x$；

(3) $\int\mathrm{e}^{5x+1}\mathrm{d}x$；　　(4) $\int\frac{x}{3x^2+5}\mathrm{d}x$。

例9　求下列不定积分(可作为公式使用)。

(1) $\int\frac{\mathrm{d}x}{\sqrt{a^2-x^2}}(a>0)$；　(2) $\int\frac{\mathrm{d}x}{a^2+x^2}$；　(3) $\int\tan x\mathrm{d}x$；

(4) $\int\cot x\mathrm{d}x$；　(5) $\int\sec x\mathrm{d}x$；　(6) $\int\csc x\mathrm{d}x$。

解 (1) $\int \frac{1}{\sqrt{a^2-x^2}}dx=\frac{1}{a}\int \frac{1}{\sqrt{1-\left(\frac{x}{a}\right)^2}}dx=\int \frac{1}{\sqrt{1-\left(\frac{x}{a}\right)^2}}d\left(\frac{x}{a}\right)=\arcsin\frac{x}{a}+C$；

(2) $\int \frac{1}{a^2+x^2}dx=\frac{1}{a^2}\int \frac{1}{1+\left(\frac{x}{a}\right)^2}dx=\frac{1}{a}\int \frac{1}{1+\left(\frac{x}{a}\right)^2}d\left(\frac{x}{a}\right)=\frac{1}{a}\arctan\frac{x}{a}+C$；

(3) $\int \tan x\,dx=\int \frac{\sin x}{\cos x}dx=-\int \frac{1}{\cos x}d(\cos x)=-\ln|\cos x|+C$；

(4) $\int \cot x\,dx=\int \frac{\cos x}{\sin x}dx=\int \frac{1}{\sin x}d(\sin x)=\ln|\sin x|+C$；

(5) $\int \sec x\,dx=\int \frac{\sec x(\sec x+\tan x)}{\sec x+\tan x}dx=\int \frac{d(\sec x+\tan x)}{\sec x+\tan x}=\ln|\sec x+\tan x|+C$；

(6) $\int \csc x\,dx=\int \frac{\csc x(\csc x-\cot x)}{\csc x-\cot x}dx=\int \frac{d(\csc x-\cot x)}{\csc x-\cot x}=\ln|\csc x-\cot x|+C$。

例 10 求 $\int \frac{1}{x^2-a^2}dx$ 。

解 $\int \frac{1}{x^2-a^2}dx=\frac{1}{2a}\int\left(\frac{1}{x-a}-\frac{1}{x+a}\right)dx=\frac{1}{2a}\left[\int \frac{1}{x-a}d(x-a)-\int \frac{1}{x+a}d(x+a)\right]$

$$=\frac{1}{2a}[\ln|x-a|-\ln|x+a|]+C=\frac{1}{2a}\ln\left|\frac{x-a}{x+a}\right|+C。$$

例 11 求 $\int \cos^2 x\,dx$ 。

解 $\int \cos^2 x\,dx=\int \frac{1+\cos 2x}{2}dx=\frac{1}{2}(\int 1dx+\int \cos 2x\,dx)$

$$=\frac{1}{2}\int 1dx+\frac{1}{4}\int \cos 2x\,d(2x)=\frac{1}{2}x+\frac{1}{4}\sin 2x+C。$$

例 12 求 $\int \sin^3 x\,dx$ 。

解 $\int \sin^3 x\,dx=\int \sin^2 x\cdot\sin x\,dx=-\int(1-\cos^2 x)d(\cos x)$

$$=-\int 1d(\cos x)+\int \cos^2 x\,d(\cos x)=-\cos x+\frac{1}{3}\cos^3 x+C。$$

例 13 求 $\int \sin 3x\cos 2x\,dx$ 。

解 $\int \sin 3x\cos 2x\,dx=\frac{1}{2}\int(\sin x+\sin 5x)dx=-\frac{1}{2}\cos x-\frac{1}{10}\cos 5x+C$。

例 14 求 $\int \frac{1}{1+\cos x}dx$ 。

解一 $\int \frac{1}{1+\cos x}dx=\int \frac{1}{2\cos^2\frac{x}{2}}dx=\int \frac{1}{\cos^2\frac{x}{2}}d\left(\frac{x}{2}\right)=\tan\frac{x}{2}+C$。

解二 $$\int \frac{1}{1+\cos x}dx=\int \frac{1-\cos x}{(1+\cos x)(1-\cos x)}dx=\int \frac{1-\cos x}{\sin^2 x}dx$$
$$=\int \frac{1}{\sin^2 x}dx-\int \frac{1}{\sin^2 x}d(\sin x)=-\cot x+\frac{1}{\sin x}+C$$
$$=-\cot x+\csc x+C。$$

例 14 说明,选用不同的积分方法,可能得出不同形式的积分结果．事实上,要检查积分结果是否正确,只要对所得结果求导检验即可。

4.2.2 第二类换元积分法

不定积分的第一类换元积分法(凑微分法)是先把所求积分中的被积表达式设法凑成 $f[\varphi(x)]d(\varphi(x))$ 的形式,再引进新的积分变量 $u=\varphi(x)$,将其转变为 $\int f(u)du$ 去计算。但是我们常常还会遇到另一些不定积分,如 $\int \frac{1}{1-\sqrt{x}}dx$,$\int \frac{1}{\sqrt{x^2-3}}dx$ 等,使用凑微分法并不能奏效。此时常需考虑另一种换元方式,即令 $x=\varphi(t)$,得到 $dx=\varphi'(t)dt$,这样积分 $\int f(x)dx$ 可改写成关于新变量 t 的形式:$\int f[\varphi(t)]\varphi'(t)dt$,此时以 t 为积分变量的新积分往往容易积出结果。

定理 2(第二类换元积分法) 设函数 $x=\varphi(t)$ 是单调、有连续导数的函数,且 $\varphi'(t)\neq 0$,又若 $\int f[\varphi(t)]\varphi'(t)dt=F(t)+C$,

则 $$\int f(x)dx=\int f[\varphi(t)]\varphi'(t)dt=F(t)+C$$
$$=F[\varphi^{-1}(x)]+C。$$

其中,$t=\varphi^{-1}(x)$ 为 $x=\varphi(t)$ 的反函数。

运用第二类换元积分法的关键是选择合适的变换函数 $x=\varphi(t)$ 。以下介绍两种常见的变量代换法。

1. 简单根式代换

被积函数中含有根式 $\sqrt[n]{ax+b}$ 时,可令 $\sqrt[n]{ax+b}=t$,即 $x=\frac{t^n-b}{a}$,就可以消去根号,从而求得积分．

例 15 求 $\int \frac{1}{1+\sqrt{x}}dx$ 。

解 因为被积函数含根号，不容易凑微分，可以想办法去掉根号，先换元。

令 $\sqrt{x}=t$，则 $x=t^2, \mathrm{d}x=2t\,\mathrm{d}t$，于是

$$\int \frac{1}{1+\sqrt{x}}\mathrm{d}x=\int \frac{1}{1+t}2t\,\mathrm{d}t=2\int \frac{(t+1)-1}{1+t}\mathrm{d}t=2\int\left(1-\frac{1}{1+t}\right)\mathrm{d}t$$

$$=2(t-\ln|1+t|)+C=2[\sqrt{x}-\ln(1+\sqrt{x})]+C。$$

例 16 求 $\int \frac{1}{x\sqrt{x-1}}\mathrm{d}x$。

解 令 $\sqrt{x-1}=t$，则 $x=t^2+1, \mathrm{d}x=2t\,\mathrm{d}t$，于是

$$\int \frac{1}{x\sqrt{x-1}}\mathrm{d}x=\int \frac{1}{(t^2+1)t}2t\,\mathrm{d}t=2\int \frac{\mathrm{d}t}{1+t^2}=2\arctan t+C=2\arctan\sqrt{x-1}+C。$$

例 17 求 $\int \frac{\mathrm{d}x}{\sqrt{x}+\sqrt[3]{x}}$。

解 被积函数中含 $\sqrt{x}$，$\sqrt[3]{x}$，为了去掉根号，令 $\sqrt[6]{x}=t$，则 $x=t^6, \mathrm{d}x=6t^5\,\mathrm{d}t$，于是

$$\int \frac{\mathrm{d}x}{\sqrt{x}+\sqrt[3]{x}}=\int \frac{6t^5}{t^3+t^2}\mathrm{d}t=6\int \frac{t^3+1-1}{t+1}\mathrm{d}t=6\int(t^2-t+1)\mathrm{d}t-6\int \frac{1}{t+1}\mathrm{d}t$$

$$=2t^3-3t^2+6t-6\ln|1+t|+C=2\sqrt{x}-3\sqrt[3]{x}+6\sqrt[6]{x}-6\ln\left|1+\sqrt[6]{x}\right|+C。$$

例 18 求 $\int \frac{x^2}{\sqrt{2-x}}\mathrm{d}x$。

解 令 $\sqrt{2-x}=t$，则 $x=2-t^2, \mathrm{d}x=-2t\,\mathrm{d}t$，于是

$$\int \frac{x^2}{\sqrt{2-x}}\mathrm{d}x=\int \frac{(2-t^2)^2}{t}(-2t)\mathrm{d}t=-2\int(4-4t^2+t^4)\mathrm{d}t$$

$$=-8t+\frac{8}{3}t^3-\frac{2}{5}t^5+C=-8\sqrt{2-x}+\frac{8}{3}(2-x)^{\frac{3}{2}}-\frac{2}{5}(2-x)^{\frac{5}{2}}+C。$$

2. 三角代换

当被积函数中含有形如 $\sqrt{a^2+x^2}$、$\sqrt{a^2-x^2}$、$\sqrt{x^2-a^2}$ 的二次根式时，常用三角代换法来消去根号。

例 19 求 $\int \sqrt{a^2-x^2}\,\mathrm{d}x\,(a>0)$。

解 由三角公式 $\sin^2 t+\cos^2 t=1$，令 $x=a\sin t\left(-\frac{\pi}{2}<t<\frac{\pi}{2}\right)$，则

$$\sqrt{a^2-x^2}=\sqrt{a^2-a^2\sin^2 t}=a\cos t, \mathrm{d}x=a\cos t\,\mathrm{d}t,$$

于是 $$\int \sqrt{a^2-x^2}\,\mathrm{d}x=\int a\cos t\cdot a\cos t\,\mathrm{d}t=a^2\int\cos^2 t\,\mathrm{d}t=\frac{a^2}{2}\int(1+\cos 2t)\mathrm{d}t$$

$$=\frac{a^2}{2}\left(t+\frac{1}{2}\sin 2t\right)+C=\frac{a^2}{2}(t+\sin t\cos t)+C。$$

因为 $x=a\sin t$，所以 $\sin t=\frac{x}{a}$，则 $t=\arcsin\frac{x}{a}$。

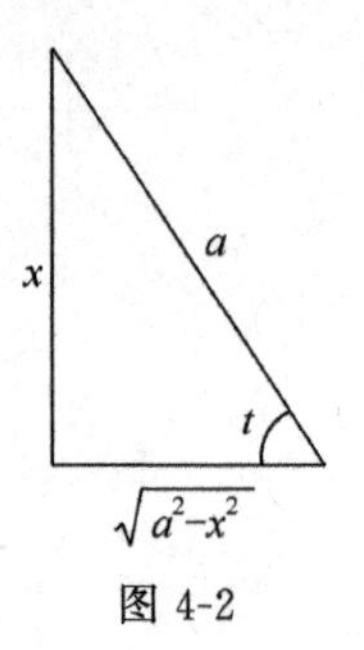

图 4-2

为了方便回代,可作一辅助三角形(见图 4-2),得 $\cos t=\frac{\sqrt{a^2-x^2}}{a}$，

于是 $\int\sqrt{a^2-x^2}\,dx=\frac{a^2}{2}\arcsin\frac{x}{a}+\frac{1}{2}x\cdot\sqrt{a^2-x^2}+C$。

例 20 求 $\int\frac{dx}{\sqrt{x^2+a^2}}\ (a>0)$。

解 由三角公式 $1+\tan^2 t=\sec^2 t$，令 $x=a\tan t\left(-\frac{\pi}{2}<t<\frac{\pi}{2}\right)$，则

$$\sqrt{x^2+a^2}=\sqrt{a^2+a^2\tan^2 t}=a\sqrt{1+\tan^2 t}=a\sec t,\ dx=a\sec^2 t\,dt,$$

于是 $\int\frac{dx}{\sqrt{x^2+a^2}}=\int\frac{a\sec^2 t\,dt}{a\sec t}=\int\sec t\,dt=\ln|\sec t+\tan t|+C_1$。

因为 $x=a\tan t$，所以 $\tan t=\frac{x}{a}$，为了方便回代，可作一辅助三角形(见图 4-3)，得 $\sec t=\frac{\sqrt{x^2+a^2}}{a}$，于是

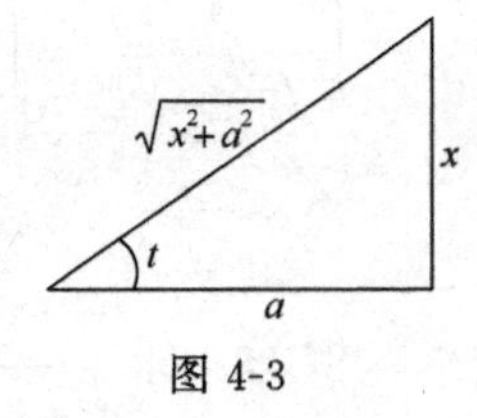

图 4-3

$$\int\frac{dx}{\sqrt{x^2+a^2}}=\ln|\sec t+\tan t|+C_1=\ln\left|\frac{x}{a}+\frac{\sqrt{x^2+a^2}}{a}\right|+C_1$$

$$=\ln\left|x+\sqrt{x^2+a^2}\right|-\ln a+C_1$$

$$=\ln\left|x+\sqrt{x^2+a^2}\right|+C\ (\text{其中 } C=C_1-\ln a)。$$

例 21 求 $\int\frac{dx}{\sqrt{x^2-a^2}}\ (a>0)$。

解 由三角公式 $\sec^2 t-1=\tan^2 t$，令 $x=a\sec t\left(0<t<\frac{\pi}{2}\right)$，则

$$\sqrt{x^2-a^2}=\sqrt{a^2\sec^2 t-a^2}=a\sqrt{\sec^2 t-1}=a\tan t,\ dx=a\sec t\tan t\,dt,$$

于是 $\int\frac{dx}{\sqrt{x^2-a^2}}=\int\frac{a\sec t\tan t\,dt}{a\tan t}=\int\sec t\,dt=\ln|\sec t+\tan t|+C_1$。

因为 $x=a\sec t$，所以 $\sec t=\frac{x}{a}$，为了方便回代，可作一辅助三角形(见图 4-4)，得 $\tan t=\frac{\sqrt{x^2-a^2}}{a}$，于是

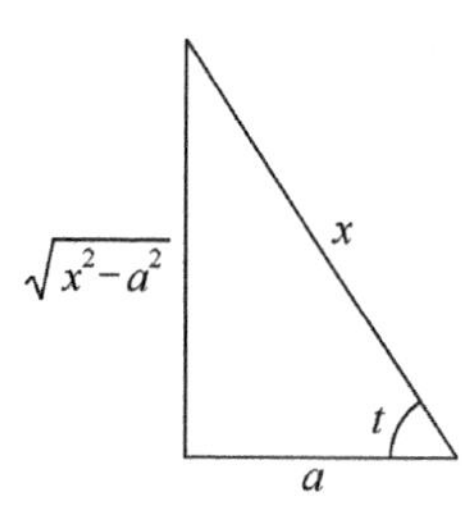

图 4-4

$$\int \frac{\mathrm{d}x}{\sqrt{x^2-a^2}} = \ln|\sec t + \tan t| + C_1 = \ln\left|\frac{x}{a} + \frac{\sqrt{x^2-a^2}}{a}\right| + C_1$$

$$= \ln\left|x + \sqrt{x^2-a^2}\right| - \ln a + C_1$$

$$= \ln\left|x + \sqrt{x^2-a^2}\right| + C \text{（其中 } C = C_1 - \ln a \text{）。}$$

通过以上例题可见，第一类换元积分法应先进行凑微分，然后再换元，可省略换元过程。而第二类换元积分法必须先进行换元，不可省略换元及回代过程，运算起来比第一类换元积分法更复杂。

【同步训练 2】

计算下列不定积分。

(1) $\int \frac{\sqrt{x}}{1+x}\mathrm{d}x$；　　(2) $\int x\sqrt{x+1}\,\mathrm{d}x$。

习题 4.2

1. 填写下列括号中的内容。

(1) $\mathrm{d}x = (\quad)\mathrm{d}(3x)$；　　(2) $\mathrm{d}x = (\quad)\mathrm{d}(3-2x)$；

(3) $x\mathrm{d}x = (\quad)\mathrm{d}(3x^2+1)$；　　(4) $\frac{1}{x^2}\mathrm{d}x = \mathrm{d}(\quad)$；

(5) $\mathrm{e}^{-x}\mathrm{d}x = (\quad)\mathrm{d}(\mathrm{e}^{-x})$；　　(6) $\cos x\,\mathrm{d}x = \mathrm{d}(\quad)$。

2. 求下列不定积分。

(1) $\int \sin 6x\,\mathrm{d}x$；　　(2) $\int \mathrm{e}^{-x}\mathrm{d}x$；

(3) $\int \frac{1}{3x-2}\mathrm{d}x$；　　(4) $\int \sqrt{1-2x}\,\mathrm{d}x$；

(5) $\int \frac{1}{(1+2x)^3}\mathrm{d}x$；　　(6) $\int \frac{x}{\sqrt{x^2+3}}\mathrm{d}x$；

(7) $\int \frac{\mathrm{e}^{\frac{1}{x}}}{x^2}\mathrm{d}x$；　　(8) $\int \frac{1}{1+\mathrm{e}^x}\mathrm{d}x$；

(9) $\int \frac{1}{x(2+3\ln x)}dx$ ；　　(10) $\int \frac{\cos x}{\sqrt{\sin x}}dx$；

(11) $\int e^x\cos(2e^x+1)dx$ ；　　(12) $\int e^{\cos x}\sin x\,dx$；

(13) $\int \cos^4 x\,dx$ ；　　(14) $\int \sin^3 x\cos^2 x\,dx$ ；

(15) $\int \cos 3x\cos 2x\,dx$ ；　　(16) $\int \frac{3x^2-2}{x^3-2x+1}dx$；

(17) $\int \frac{1}{\sqrt{4-9x^2}}dx$ ；　　(18) $\int \frac{1}{4+25x^2}dx$。

3. 求下列不定积分。

(1) $\int \frac{dx}{1+\sqrt{2x}}$ ；　　(2) $\int \frac{1}{1+\sqrt[3]{x}}dx$ ；

(3) $\int \frac{\sqrt{1+x}}{1+\sqrt{1+x}}dx$ ；　　(4) $\int \frac{1}{\sqrt{x}(1+\sqrt[3]{x})}dx$；

(5) $\int \frac{x^2}{\sqrt{1-x^2}}dx$ ；　　(6) $\int \frac{1}{x\sqrt{x^2+4}}dx$ ；

(7) $\int \frac{1}{x^2\sqrt{x^2-1}}dx$ ；　　(8) $\int \frac{1}{x\sqrt{1-x^2}}dx$；

(9) $\int \frac{\sqrt{x^2-2}}{x}dx$ ；　　(10) $\int \frac{dx}{(x^2+a^2)^2}$。

本节【同步训练 1】答案

(1) $x-\ln|x+1|+C$ ；　　(2) $\frac{x^2}{2}-x+\ln|x+1|+C$；

(3) $\frac{1}{5}e^{5x+1}+C$ ；　　(4) $\frac{1}{6}\ln(3x^2+5)+C$。

本节【同步训练 2】答案

(1) $2(\sqrt{x}-\arctan\sqrt{x})+C$ ；　　(2) $\frac{2}{5}(\sqrt{x+1})^5-\frac{2}{3}(\sqrt{x+1})^3+C$。

§4.3　分部积分法

换元积分法是一个很重要的积分方法，但这种方法对被积函数是两种不同类型函数乘积时，如 $\int x\cos x\,dx$ ，$\int x\ln x\,dx$，$\int e^x\sin x\,dx$ 等却又无能为力。本节将利用两个函数乘积的求导公式，推导出解决这类积分的行之有效的基本方法——分部积分法。

设函数 $u=u(x)$，$v=v(x)$ 具有连续导数，由微分公式得

$$d(uv)=u\,dv+v\,du,$$

移项得
$$u\,dv=d(uv)-v\,du,$$

两边积分得
$$\int u\,dv=\int d(uv)-\int v\,du,$$

即
$$\int u\,dv=uv-\int v\,du。$$

该公式称为分部积分公式，利用上式求不定积分的方法称为分部积分法。它的作用在于把比较难求的 $\int u\,dv$ 化为比较容易求的 $\int v\,du$ 来计算，可以化难为易。

例 1　求 $\int x\cos x\,dx$。

解　令 $u=x$，$dv=\cos x\,dx=d(\sin x)$，则

$$du=dx,v=\sin x,$$

由分部积分公式得

$$\int x\cos x\,dx=\int x\,d(\sin x)=x\sin x-\int \sin x\,dx=x\sin x+\cos x+C。$$

注：本例中如果令 $u=\cos x$，$dv=x\,dx=d\left(\frac{1}{2}x^2\right)$，则 $v=\frac{1}{2}x^2$，$du=-\sin x\,dx$，

那么
$$\int x\cos x\,dx=\frac{1}{2}x^2\cos x+\frac{1}{2}\int x^2\sin x\,dx,$$

由于 $\int x^2\sin x\,dx$ 比 $\int x\cos x\,dx$ 更难求，说明这样选取 u，dv 是不恰当的。

由此可见，使用分部积分法的关键在于恰当选取 u 和 dv，使等式右边的积分容易积出。若选取不当，反而使运算更加复杂，一般情况下，选择 u 和 dv 应注意两点：

(1)函数 v 容易求出；

(2)积分 $\int v\,du$ 要比 $\int u\,dv$ 容易计算。

例 2　求 $\int xe^x\,dx$。

解　令 $u=x$，$dv=e^x\,dx=d(e^x)$，则

$du=dx$，　$v=e^x$，

由分部积分公式得

$$\int xe^x\,dx=\int x\,d(e^x)=xe^x-\int e^x\,dx=xe^x-e^x+C。$$

例 3　求 $\int x^2e^x\,dx$。

解　令 $u=x^2$，$dv=e^x\,dx=d(e^x)$，则

$du=2x\,dx, v=e^x$,

由分部积分公式得

$$\int x^2e^x\,dx=x^2e^x-\int e^x\,d(x^2)=x^2e^x-2\int xe^x\,dx,$$

对于上式右边的积分 $\int xe^x\,dx$，可发现其与例 2 雷同，故我们可再用一次分部积分方式得

$$\begin{aligned}\int x^2e^x\,dx&=x^2e^x-2\int xe^x\,dx=x^2e^x-2\int x\,d(e^x)\\&=x^2e^x-2\left(xe^x-\int e^x\,dx\right)=x^2e^x-2(xe^x-e^x)+C。\end{aligned}$$

思考题：如何求 $\int xe^{2x}\,dx$，$\int x\sin x\,dx$？

例 4 求 $\int x\ln x\,dx$。

解 令 $u=\ln x, dv=x\,dx=d\left(\frac{1}{2}x^2\right)$，则

$du=\frac{1}{x}dx, v=\frac{1}{2}x^2$,

$$\begin{aligned}故\int x\ln x\,dx&=\int\ln x\,d\left(\frac{1}{2}x^2\right)=\frac{1}{2}x^2\ln x-\int\frac{1}{2}x^2\,d(\ln x)=\frac{1}{2}x^2\ln x-\int\frac{1}{2}x^2\cdot\frac{1}{x}dx\\&=\frac{1}{2}x^2\ln x-\frac{1}{2}\int x\,dx=\frac{1}{2}x^2\ln x-\frac{1}{4}x^2+C。\end{aligned}$$

对分部积分法熟练后，计算时 u 和 dv 可默记在心里不必写出。

例 5 求 $\int\ln x\,dx$。

解 $\int\ln x\,dx=x\ln x-\int x\,d(\ln x)=x\ln x-\int x\cdot\frac{1}{x}dx=x\ln x-x+C$。

例 6 求 $\int x\arctan x\,dx$。

解
$$\begin{aligned}\int x\arctan x\,dx&=\int\arctan x\,d\left(\frac{x^2}{2}\right)=\frac{x^2}{2}\arctan x-\int\frac{x^2}{2}d(\arctan x)\\&=\frac{x^2}{2}\arctan x-\int\frac{x^2}{2}\cdot\frac{1}{1+x^2}dx\\&=\frac{x^2}{2}\arctan x-\frac{1}{2}\int\left(1-\frac{1}{1+x^2}\right)dx\\&=\frac{x^2}{2}\arctan x-\frac{1}{2}x+\frac{1}{2}\arctan x+C\\&=\frac{1}{2}(x^2+1)\arctan x-\frac{1}{2}x+C。\end{aligned}$$

例 7 求 $\int \arccos x\,\mathrm{d}x$ 。

解 $\int \arccos x\,\mathrm{d}x = x\arccos x - \int x\,\mathrm{d}(\arccos x) = x\arccos x + \int x\,\frac{1}{\sqrt{1-x^2}}\mathrm{d}x$

$$= x\arccos x - \frac{1}{2}\int (1-x^2)^{-\frac{1}{2}}\mathrm{d}(1-x^2)$$

$$= x\arccos x - \sqrt{1-x^2} + C。$$

例 8 求 $\int \mathrm{e}^x \sin x\,\mathrm{d}x$ 。

解 $\int \mathrm{e}^x \sin x\,\mathrm{d}x = \int \sin x\,\mathrm{d}(\mathrm{e}^x) = \mathrm{e}^x \sin x - \int \mathrm{e}^x\,\mathrm{d}(\sin x)$

$$= \mathrm{e}^x \sin x - \int \mathrm{e}^x \cos x\,\mathrm{d}x = \mathrm{e}^x \sin x - \int \cos x\,\mathrm{d}(\mathrm{e}^x)$$

$$= \mathrm{e}^x \sin x - \mathrm{e}^x \cos x + \int \mathrm{e}^x\,\mathrm{d}(\cos x)$$

$$= \mathrm{e}^x (\sin x - \cos x) - \int \mathrm{e}^x \sin x\,\mathrm{d}x ,$$

移项得
$$2\int \mathrm{e}^x \sin x\,\mathrm{d}x = \mathrm{e}^x(\sin x - \cos x) + C_1$$

故
$$\int \mathrm{e}^x \sin x\,\mathrm{d}x = \frac{1}{2}\mathrm{e}^x(\sin x - \cos x) + C \left(C = \frac{C_1}{2}\ \text{仍为任意常数} \right)。$$

由上述例题可以看出，一般情况下，选择 u 和 $\mathrm{d}v$ 是有一定规律可循的，整理如下。

(1) 被积函数是幂函数与三角函数(或指数函数)的乘积。

形如
$$\int x^n \mathrm{e}^{ax}\,\mathrm{d}x\ ,\ \int x^n \sin ax\,\mathrm{d}x ,\ \int x^n \cos ax\,\mathrm{d}x\ ,$$

可令
$$u = x^n ,\ \mathrm{d}v = \mathrm{e}^{ax}\,\mathrm{d}x ,\text{或}\ \mathrm{d}v = \sin ax\,\mathrm{d}x ,\text{或}\ \mathrm{d}v = \cos ax\,\mathrm{d}x\ 。$$

(2) 被积函数是幂函数与对数函数(或反三角函数)的乘积。

形如
$$\int x^n \ln x\,\mathrm{d}x\ ,\ \int x^n \arcsin x\,\mathrm{d}x ,\ \int x^n \arctan x\,\mathrm{d}x\ ,$$

可令
$$u = \ln x ,\text{或}\ u = \arcsin x ,\text{或}\ u = \arctan x ,\ \mathrm{d}v = x^n\,\mathrm{d}x\ 。$$

(3) 被积函数是指数函数与三角函数的乘积。

形如
$$\int \mathrm{e}^{ax} \sin bx\,\mathrm{d}x\ ,\ \int \mathrm{e}^{ax} \cos bx\,\mathrm{d}x\ ,$$

可令
$$u = \mathrm{e}^{ax} ,\ \mathrm{d}v = \sin bx\,\mathrm{d}x ,\text{或}\ \mathrm{d}v = \cos bx\,\mathrm{d}x ;$$

也可令
$$u = \sin bx\ ,\text{或}\ u = \cos bx ,\ \mathrm{d}v = \mathrm{e}^{ax}\,\mathrm{d}x\ 。$$

但一经选定后，若需再次使用分部积分法时，必须仍按原定的选择方式。

在求不定积分时，有时需要综合使用换元法和分部积分法。

例 9 求 $\int e^{\sqrt{x}} dx$ 。

解 令 $\sqrt{x}=t$,则 $x=t^2$,$dx=2t dt$,于是

$$\int e^{\sqrt{x}} dx = 2\int t \cdot e^t dt = 2\int t d(e^t) = 2(te^t - \int e^t dt)$$

$$= 2e^t(t-1)+C = 2e^{\sqrt{x}}(\sqrt{x}-1)+C。$$

例 10 求 $\int \frac{\arcsin x}{\sqrt{(1-x^2)^3}} dx$ 。

解 令 $\arcsin x = t$,则 $x=\sin t$,$dx=\cos t dt$,

$$原式 = \int \frac{t}{\cos^3 t}\cos t dt = \int t \frac{1}{\cos^2 t} dt = \int t d(\tan t)$$

$$= t\tan t - \int \tan t dt = t\tan t + \ln|\cos t| + C$$

$$= \arcsin x \cdot \frac{x}{\sqrt{1-x^2}} + \ln\left|\sqrt{1-x^2}\right| + C。$$

【同步训练】

计算下列不定积分。

(1) $\int x e^{2x} dx$;

(2) $\int x \sin x dx$;

(3) $\int x^2 \ln x dx$;

(4) $\int \sin\sqrt{x} dx$ 。

习题 4.3

1. 计算下列不定积分。

(1) $\int x\sin 2x\,\mathrm{d}x$ ；

(2) $\int x[\mathrm{e}]^{-x}\,\mathrm{d}x$ ；

(3) $\int (x+4)\cos 2x\,\mathrm{d}x$ ；

(4) $\int \ln\frac{x}{3}\,\mathrm{d}x$；

(5) $\int x\arcsin x\,\mathrm{d}x$ ；

(6) $\int \operatorname{arccot} x\,\mathrm{d}x$ ；

(7) $\int \mathrm{e}^{3x}\cos 2x\,\mathrm{d}x$ ；

(8) $\int x\sec^2 x\,\mathrm{d}x$。

2. 计算下列不定积分。

(1) $\int \mathrm{e}^{\sqrt[3]{x}}\,\mathrm{d}x$ ；

(2) $\int \ln\sqrt{x}\,\mathrm{d}x$；

(3) $\int \sqrt{x}\ln x\,\mathrm{d}x$ ；

(4) $\int \cos^2\sqrt{x}\,\mathrm{d}x$。

本节【同步训练】答案

(1) $\frac{1}{2}x\mathrm{e}^{2x}-\frac{1}{4}\mathrm{e}^{2x}+C$ ；

(2) $-x\cos x+\sin x+C$；

(3) $\frac{x^3}{9}(3\ln x-1)+C$ ；

(4) $-2\sqrt{x}\cos\sqrt{x}+2\sin\sqrt{x}+C$。

第5章　定　积　分

【学习目标】

理解定积分的概念和性质。

了解积分上限函数的求导方法。

掌握牛顿—莱布尼茨公式及定积分的换元积分法与分部积分法。

了解定积分在几何及经济上的应用。

定积分和不定积分是积分学中密切相关的两大基本问题，由第4章我们已经知道，求不定积分是求导数的逆运算，而在本章中我们将看到，定积分则是求某种特定和式的极限。二者既有联系又有区别。定积分在自然科学和实际问题中有着广泛的应用。本章将在分析典型实例的基础上，引出定积分的概念，进而介绍定积分的性质、计算方法及其简单应用。

§5.1　定积分的概念及性质

5.1.1　两个引例

引例1　求曲边梯形的面积.

所谓曲边梯形是指由连续曲线 $y=f(x)$（$f(x)\geqslant 0$），x 轴以及直线 $x=a$，$x=b$ 所围成的平面图形(见图5-1)。

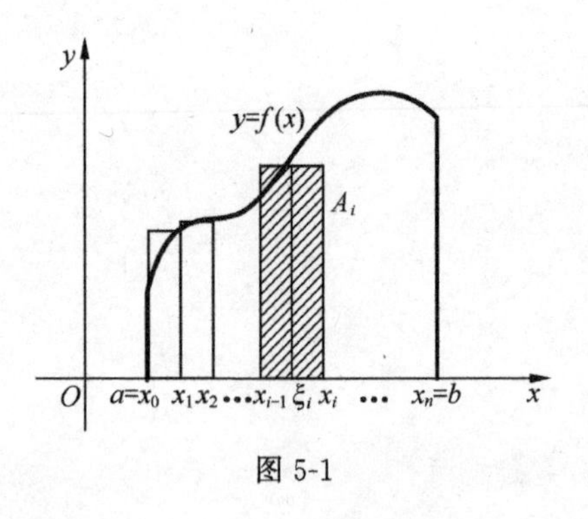

图 5-1

分析：在初等数学中，我们已学会计算矩形、梯形、三角形等平面图形的面积，但曲边梯形有一条曲边，它在底边各点处的高度 $f(x)$ 随 x 的变化而变化，所以不能用初等几何的方法解决．我们设想，把该曲边梯形沿着 x 轴方向切割成许多平行于 y 轴的窄窄的长条，每个长条都是小的曲边梯形，把每个长条近似看作一个矩形，用长乘宽求得小矩形面积，加起来就是曲边梯形面积的近似值，分割越细，误差越小，于是当所有的长条宽度趋于零时，这个阶梯形图形面积的极限就成为曲边梯形面积的精确值了。

根据以上分析思路，可以按以下四个步骤求出曲边梯形面积 A 。

(1)分割。在区间 $[a,b]$ 中任取若干分点，

$$a=x_0<x_1<x_2<\cdots<x_{i-1}<x_i<\cdots<x_{n-1}<x_n=b,$$

把曲边梯形的底 $[a,b]$ 分成 n 个小区间，每个小区间的长度记为 $\Delta x_i=x_i-x_{i-1}$ ($i=1,2,\cdots,n$)，过各分点作垂直于 x 轴的直线段，把整个曲边梯形分成 n 个小曲边梯形，其中第 i 个小曲边梯形的面积记为 ΔA_i 。

(2)取近似。在每个小区间 $[x_{i-1},x_i]$ 上任取一点 ξ_i ，以 Δx_i 为底，$f(\xi_i)$ 为高作小矩形，用小矩形面积 $f(\xi_i)\Delta x_i$ 作为小曲边梯形面积 ΔA_i 的近似值，即

$$\Delta A_i\approx f(\xi_i)\Delta x_i\ (i=1,2,\cdots,n)。$$

(3)求和。把 n 个小矩形的面积相加，就得到曲边梯形面积 A 的近似值，即

$$A=\sum_{i=1}^{n}\Delta A_i\approx\sum_{i=1}^{n}f(\xi_i)\Delta x_i。$$

(4)取极限。为了保证全部 Δx_i 都无限小，要求小区间长度中的最大值 $\lambda=\max\limits_{1\leqslant i\leqslant n}\{\Delta x_i\}$ 趋近于零，此时，上述和式 $\sum\limits_{i=1}^{n}f(\xi_i)\Delta x_i$ 的极限就是曲边梯形面积 A 的精确值，即

$$A=\lim_{\lambda\to 0}\sum_{i=1}^{n}f(\xi_i)\Delta x_i。$$

引例 2 变速直线运动的路程。

设某物体做变速直线运动，已知速度 $v=v(t)$ 是时间 t 的连续函数，且 $v(t)\geqslant 0$，求在时间间隔 $[a,b]$ 内物体所走的路程 s 。

分析：我们知道，若物体作匀速直线运动，则有 $s=v(b-a)$ ，但这里速度是随着时间的变化而变化的，显然不能简单地用此公式来计算。但是速度函数是连续的，这意味着在很短的一段时间里，速度的变化也是很小的，可以近似于等速。所以我们可以将整个时间间隔划分为多个小时间段，将每个小时间段看成匀速运动来求路程，然后再求和就可得到整个路程的近似值。最后，将整个时间间隔无限细分，相应地求出近似值的极限，这就是所求的路程 s 。

求变速直线运动的路程步骤如下。

(1)分割。在区间 $[a,b]$ 中任取若干分点，

$$a=t_0<t_1<t_2<\cdots<t_{i-1}<t_i<\cdots<t_{n-1}<t_n=b,$$

把区间 $[a,b]$ 分成 n 个小区间 $[t_{i-1},t_i]$ ($i=1,2,\cdots,n$)，每个小区间的长度记为 $\Delta t_i=$

$t_i - t_{i-1}$，相应的路程 s 被分成 n 个小路程，其中第 i 个小路程记为 Δs_i。

(2)取近似。在每个小区间 $[t_{i-1}, t_i]$ 上任取一点 ξ_i，以 $v(\xi_i)$ 来近似代替该区间上各个时刻的速度，用乘积 $v(\xi_i)\Delta t_i$ 作为这段时间内物体所走路程 Δs_i 的近似值，即

$$\Delta s_i \approx v(\xi_i)\Delta t_i \ (i=1,2,\cdots,n)。$$

(3)求和。把 n 个小区间上物体所走的路程相加，就得到总路程 s 的近似值，即

$$s = \sum_{i=1}^{n} \Delta s_i \approx \sum_{i=1}^{n} v(\xi_i)\Delta t_i。$$

(4)取极限。当小区间长度中的最大值 $\lambda = \max\limits_{1 \leqslant i \leqslant n}\{\Delta t_i\}$ 趋近于零，此时，上述和式 $\sum\limits_{i=1}^{n} v(\xi_i)\Delta t_i$ 的极限就是路程 s 的精确值，即

$$s = \lim_{\lambda \to 0} \sum_{i=1}^{n} v(\xi_i)\Delta t_i。$$

以上两个具体问题说明，虽然它们的实际意义不同，但解决问题的思想方法以及最后所要计算的数学表达式都是完全相同的，在科学技术上还有许多问题也都归结为这种特定和式的极限。为此，抽象出定积分的定义。

5.1.2 定积分的概念

定义 设函数 $f(x)$ 在 $[a,b]$ 有定义且有界，在 $[a,b]$ 中任意插入 $n-1$ 个分点 $a = x_0 < x_1 < x_2 < \cdots < x_{i-1} < x_i < \cdots < x_{n-1} < x_n = b$，将 $[a,b]$ 区间分成 n 个小区间，用 $\Delta x_i = x_i - x_{i-1}$ ($i = 1,2,\cdots,n$)表示每个小区间的长度，并在每个小区间上任取一点 $\xi_i \in [x_{i-1}, x_i]$，作积的和式 $\sum\limits_{i=1}^{n} f(\xi_i)\Delta x_i$，记 $\lambda = \max\limits_{1 \leqslant i \leqslant n}\{\Delta x_i\}$，如果 $\lambda \to 0$ 时，上述和式的极限存在，且与区间 $[a,b]$ 的分割方式及点 ξ_i 的取法无关，则称函数 $f(x)$ 在闭区间 $[a,b]$ 上可积，并且称此极限值为函数 $f(x)$ 在 $[a,b]$ 上的定积分，记为 $\int_a^b f(x)\mathrm{d}x$，即

$$\int_a^b f(x)\mathrm{d}x = \lim_{\lambda \to 0} \sum_{i=1}^{n} f(\xi_i)\Delta x_i。$$

其中，$f(x)$ 称为被积函数，$f(x)\mathrm{d}x$ 称为被积表达式，x 称为积分变量，a 称为积分下限，b 称为积分上限，$[a,b]$ 称为积分区间。

根据定积分的定义，上述两个引例可表示如下：

(1)曲边梯形的面积 A 是曲边 $f(x)$ ($f(x) \geqslant 0$)在区间 $[a,b]$ 上的定积分，即

$$A = \int_a^b f(x)\mathrm{d}x。$$

(2)变速直线运动物体的路程 s 是速度函数 $v = v(t)$ 在时间间隔 $[a,b]$ 上的定积分，即

$$s = \int_a^b v(t)\mathrm{d}t。$$

关于定积分定义的几点说明：

(1)定积分是特定和式的极限，它表示一个确定的实数，这个数值的大小只与被积函数及积分区间有关,而与积分变量采用什么样的字母无关，即

$$\int_a^b f(x)\mathrm{d}x=\int_a^b f(t)\mathrm{d}t=\int_a^b f(u)\mathrm{d}u。$$

(2)在定积分定义中假定了 $a<b$ ，为今后计算方便，作两点补充规定：

① 当 $a=b$ 时，$\int_a^b f(x)\mathrm{d}x=\int_a^a f(x)\mathrm{d}x=0$；

② 当 $a>b$ 时，$\int_a^b f(x)\mathrm{d}x=-\int_b^a f(x)\mathrm{d}x$ 。

(3)闭区间上的连续函数一定是可积的。

5.1.3 定积分的几何意义

(1)如果在区间 $[a,b]$ 上，$f(x)\geqslant 0$ 时，定积分 $\int_a^b f(x)\mathrm{d}x$ 在几何上表示由曲线 $y=f(x)$ 与直线 $x=a$，$x=b$ 与 x 轴所围成的曲边梯形的面积，即

$$\int_a^b f(x)\mathrm{d}x=A。$$

(2)如果在区间 $[a,b]$ 上，$f(x)\leqslant 0$ 时，即由曲线 $y=f(x)$ 与直线 $x=a$，$x=b$ 与 x 轴所围成的曲边梯形位于 x 轴下方，由定义所作出的定积分 $\int_a^b f(x)\mathrm{d}x$ 是个负值，在几何上表示上述曲边梯形面积的负值，即

$$\int_a^b f(x)\mathrm{d}x=-A。$$

(3)如果在区间 $[a,b]$ 上，$f(x)$ 有正、有负，则定积分 $\int_a^b f(x)\mathrm{d}x$ 在几何上表示由曲线 $y=f(x)$ 与直线 $x=a$，$x=b$ 与 x 轴所围成的平面图形在 x 轴上、下部分的曲边梯形面积的代数和(见图 5-2)，即

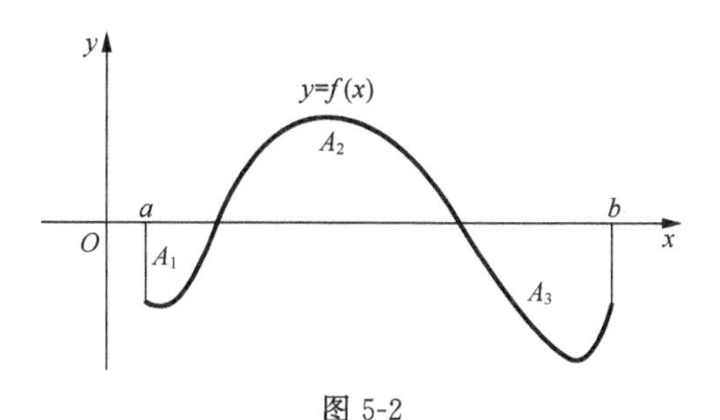

图 5-2

$$\int_a^b f(x)\mathrm{d}x = -A_1 + A_2 - A_3 。$$

例 1 用定积分的几何意义求 $\int_0^1 (1-x)\mathrm{d}x$ 。

解 $\int_0^1 (1-x)\mathrm{d}x$ 是函数 $f(x)=1-x$ 在区间 $[0,1]$ 上的定积分，它在几何上表示由直线 $y=1-x$ 及直线 $x=0$（即 y 轴）和 x 轴围成的曲边梯形即直角三角形（见图 5-3）的面积，所以

$$\int_0^1 (1-x)\mathrm{d}x = S_{\Delta OAB} = \frac{1}{2}。$$

例 2 用定积分的几何意义求 $\int_0^{2\pi} \sin x\,\mathrm{d}x$ 。

解 因为在区间 $[0,2\pi]$ 上，函数 $y=\sin x$ 与 x 轴所围成的平面图形在 x 轴上、下部分的曲边梯形面积相等（见图 5-4），根据定积分的几何意义得

$$\int_0^{2\pi} \sin x\,\mathrm{d}x = 0。$$

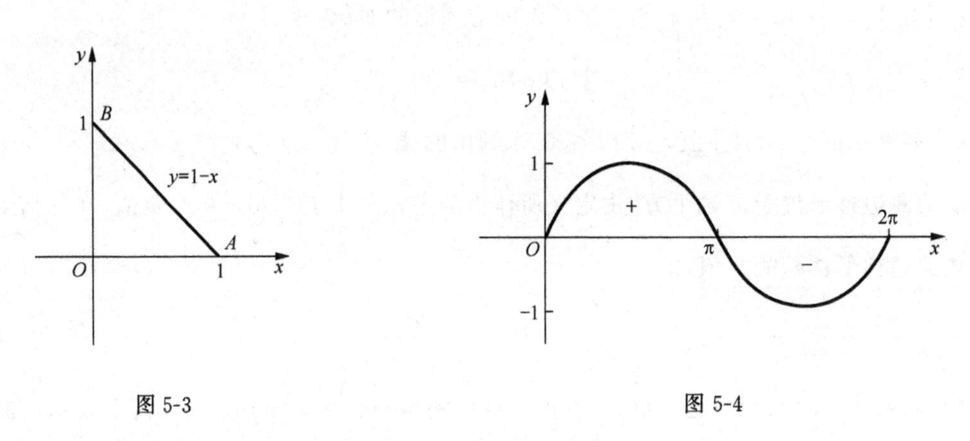

图 5-3　　　　图 5-4

5.1.4 定积分的性质

由极限的运算性质不难得出定积分的一些常用的性质。

设函数 $f(x)$、$g(x)$ 在给定的区间上可积。

性质 1 函数和（差）的定积分等于它们的定积分的和（差），即

$$\int_a^b [f(x) \pm g(x)]\mathrm{d}x = \int_a^b f(x)\mathrm{d}x \pm \int_a^b g(x)\mathrm{d}x 。$$

这个性质还可以推广到任意有限多个可积函数的情形。

性质 2 被积表达式中的常数因子可以提到积分号外面，即

$$\int_a^b kf(x)\mathrm{d}x = k\int_a^b f(x)\mathrm{d}x。$$

性质 3 如果将积分区间 $[a,b]$ 分成 $[a,c]$、$[c,b]$ 两部分，则在整个区间上的定积分等于这两部分区间上定积分之和，即

$$\int_a^b f(x)\mathrm{d}x=\int_a^c f(x)\mathrm{d}x+\int_c^b f(x)\mathrm{d}x。$$

值得注意的是，不论 a,b,c 的相对位置如何，总有上述等式成立．例如，当 $a<b<c$ 时，

因为 $$\int_a^c f(x)\mathrm{d}x=\int_a^b f(x)\mathrm{d}x+\int_b^c f(x)\mathrm{d}x,$$

于是有 $$\int_a^b f(x)\mathrm{d}x=\int_a^c f(x)\mathrm{d}x-\int_b^c f(x)\mathrm{d}x=\int_a^c f(x)\mathrm{d}x+\int_c^b f(x)\mathrm{d}x。$$

性质 4 如果在区间 $[a,b]$ 上 $f(x)\equiv 1$，则

$$\int_a^b f(x)\mathrm{d}x=b-a。$$

性质 5 如果在区间 $[a,b]$ 上 $f(x)\leqslant g(x)$，则

$$\int_a^b f(x)\mathrm{d}x\leqslant\int_a^b g(x)\mathrm{d}x\ (a<b)。$$

推论 1 如果在区间 $[a,b]$ 上 $f(x)\geqslant 0$，则 $\int_a^b f(x)\mathrm{d}x\geqslant 0(a<b)$

推论 2 $\left|\int_a^b f(x)\mathrm{d}x\right|\leqslant\int_a^b |f(x)|\mathrm{d}x$

性质 6（积分的估值性质） 设 M 及 m 分别是连续函数 $f(x)$ 在区间 $[a,b]$ 上的最大值及最小值，则

$$m(b-a)\leqslant\int_a^b f(x)\mathrm{d}x\leqslant M(b-a)\ (a<b)。$$

性质 7（积分中值定理） 如果函数 $f(x)$ 在闭区间 $[a,b]$ 上连续，则在积分区间 $[a,b]$ 上至少存在一个点 ξ，使得

$$\int_a^b f(x)\mathrm{d}x=f(\xi)(b-a)。$$

由此可得 $f(\xi)=\frac{1}{b-a}\int_a^b f(x)\mathrm{d}x$，称为 $f(x)$ 在 $[a,b]$ 上的积分平均值。

习题 5.1

1. 根据定积分的几何意义，判断下面定积分的正负号。

(1) $\int_0^{\frac{\pi}{2}}\sin x\mathrm{d}x$；　　(2) $\int_{-1}^0 x^3\mathrm{d}x$。

2. 利用定积分的性质，比较下列各对积分值的大小。

(1) $\int_0^1 x^2 \mathrm{d}x$ 与 $\int_0^1 x \mathrm{d}x$ ；　　(2) $\int_1^2 2^{-x} \mathrm{d}x$ 与 $\int_1^2 3^{-x} \mathrm{d}x$ 。

3. 估计下列积分值的范围。

(1) $\int_0^1 (1+x^2)\mathrm{d}x$ ；　　(2) $\int_0^{\frac{\pi}{2}} \mathrm{e}^{\sin x} \mathrm{d}x$ 。

§5.2 微积分基本公式

按照定积分定义计算定积分的值是十分麻烦、十分困难的，本节将介绍定积分计算的有力工具——牛顿—莱布尼茨公式。

5.2.1 变上限积分函数

设函数 $f(x)$ 在区间 $[a,b]$ 上连续，对任意一点 $x\in[a,b]$，积分 $\int_a^x f(x)\mathrm{d}x$ 是存在的，但这种写法有不便之处，此处变量 x 既表示积分上限，又表示积分变量(这两个无关的量)。由于定积分与积分变量所采用的字母无关，为避免混淆，把积分变量 x 改写成 t，于是这个积分就写成了 $\int_a^x f(t)\mathrm{d}t$ 。

显然，当积分上限 x 在 $[a,b]$ 上任意变动时，对应于每一个确定的 x 值，积分 $\int_a^x f(t)\mathrm{d}t$ 就有一个确定的值与之对应，因此 $\int_a^x f(t)\mathrm{d}t$ 是变上限 x 的一个函数，记作 $\Phi(x)$，即

$$\Phi(x)=\int_a^x f(t)\mathrm{d}t\ (a\leqslant x\leqslant b)。$$

通常称函数 $\Phi(x)$ 为**变上限积分函数。**

定理1　如果函数 $f(x)$ 在区间 $[a,b]$ 上连续，那么变上限积分函数 $\Phi(x)=\int_a^x f(t)\mathrm{d}t$ 在闭区间 $[a,b]$ 上可导，并且它的导数等于被积函数，即

$$\Phi'(x)=\frac{\mathrm{d}}{\mathrm{d}x}\int_a^x f(t)\mathrm{d}t=f(x)\ (a\leqslant x\leqslant b)。$$

证明从略。

由定理1可知，变上限积分函数 $\Phi(x)=\int_a^x f(t)\mathrm{d}t$ 就是连续函数 $f(x)$ 在区间 $[a,b]$ 上的一个原函数，从而肯定了连续函数的原函数总是存在的。

例1　已知 $\Phi(x)=\int_0^x \sin(3t-t^2)\mathrm{d}t$ ，求 $\Phi(x)$ 的导数。

解 由定理 1 得，$\Phi'(x)=\dfrac{\mathrm{d}}{\mathrm{d}x}\int_0^x \sin(3t-t^2)\mathrm{d}t=\sin(3x-x^2)$。

例 2 已知 $\Phi(x)=\int_x^0 \cos(t^2)\mathrm{d}t$，求 $\Phi(x)$ 在 $x=0,\sqrt{\dfrac{\pi}{3}}$ 处的导数。

解 先交换积分的上、下限，再求导数。

由于
$$\Phi(x)=\int_x^0 \cos(t^2)\mathrm{d}t=-\int_0^x \cos(t^2)\mathrm{d}t,$$
于是
$$\Phi'(x)=-\frac{\mathrm{d}}{\mathrm{d}x}\int_0^x \cos(t^2)\mathrm{d}t=-\cos(x^2),$$
所以
$$\Phi'(0)=-\cos(0^2)=-1,$$
$$\Phi'\left(\sqrt{\frac{\pi}{3}}\right)=-\cos\left(\sqrt{\frac{\pi}{3}}\right)^2=-\cos\frac{\pi}{3}=-\frac{1}{2}。$$

例 3 已知 $\Phi(x)=\int_a^{x^2} \mathrm{e}^{-t^2}\mathrm{d}t$，求 $\Phi(x)$ 的导数。

解 这里 $\Phi(x)$ 是 x 的复合函数，其中中间变量 $u=x^2$，$\Phi(u)=\int_a^u \mathrm{e}^{-t^2}\mathrm{d}t$，按复合函数求导法则，故有
$$\frac{\mathrm{d}\Phi}{\mathrm{d}x}=\frac{\mathrm{d}}{\mathrm{d}u}\left(\int_a^u \mathrm{e}^{-t^2}\mathrm{d}t\right)\cdot\frac{\mathrm{d}u}{\mathrm{d}x}=\mathrm{e}^{-u^2}\cdot 2x=2x\mathrm{e}^{-x^4}。$$

例 4 求 $\lim\limits_{x\to 0}\dfrac{\int_0^x \cos^2 t\,\mathrm{d}t}{2x}$。

解 这是一个“$\dfrac{0}{0}$”型未定式，由洛必达法则可得
$$\lim_{x\to 0}\frac{\int_0^x \cos^2 t\,\mathrm{d}t}{2x}=\lim_{x\to 0}\frac{\left(\int_0^x \cos^2 t\,\mathrm{d}t\right)'}{(2x)'}=\lim_{x\to 0}\frac{\cos^2 x}{2}=\frac{1}{2}。$$

5.2.2 牛顿—莱布尼茨公式

定理 2 如果函数 $f(x)$ 在区间 $[a,b]$ 上连续，且 $F(x)$ 是 $f(x)$ 在区间 $[a,b]$ 上的一个原函数，则有
$$\int_a^b f(x)\mathrm{d}x=F(b)-F(a)。$$

证明 已知 $F(x)$ 是 $f(x)$ 在区间 $[a,b]$ 上的一个原函数，而由定理 1 知 $\Phi(x)=\int_a^x f(t)\mathrm{d}t$ 也是 $f(x)$ 的一个原函数，故有
$$\int_a^x f(t)\mathrm{d}t=F(x)+C。$$

为确定常数 C 的值,将 $x=a$ 代入上式,得 $\int_a^a f(t)\mathrm{d}t=F(a)+C$,

由于 $\int_a^a f(t)\mathrm{d}t=0$,则有 $F(a)+C=0$,即得 $C=-F(a)$,

于是
$$\int_a^x f(t)\mathrm{d}t=F(x)-F(a) 。$$

再令 $x=b$,则有

$$\int_a^b f(t)\mathrm{d}t=F(b)-F(a)。$$

由于定积分的值与积分变量所采用的字母无关,仍用 x 表示积分变量,即得

$$\int_a^b f(x)\mathrm{d}x=F(b)-F(a) ,\text{其中 } F'(x)=f(x)。$$

上式称为**牛顿--莱布尼茨公式**,也称为**微积分基本公式**。该公式揭示了定积分与不定积分之间的内在联系。由此可知:计算一个连续函数 $f(x)$ 在区间 $[a,b]$ 上的定积分,等于求它的一个原函数 $F(x)$ 在区间 $[a,b]$ 上的改变量。

为计算方便,上述公式常用下面的记号:

$$\int_a^b f(x)\mathrm{d}x=F(x)\big|_a^b=F(b)-F(a)。$$

例 5 求 $\int_0^1 x^2\mathrm{d}x$ 。

解 $\int_0^1 x^2\mathrm{d}x=\frac{1}{3}x^3\Big|_0^1=\frac{1}{3}\cdot 1^3-\frac{1}{3}\cdot 0^3=\frac{1}{3}$。

也可以写为

$$\int_0^1 x^2\mathrm{d}x=\frac{1}{3}x^3\Big|_0^1=\frac{1}{3}\cdot(1^3-0^3)=\frac{1}{3}。$$

例 6 求 $\int_{-1}^{\sqrt{3}}\frac{\mathrm{d}x}{1+x^2}$ 。

解 $\int_{-1}^{\sqrt{3}}\frac{\mathrm{d}x}{1+x^2}=\arctan x\,\big|_{-1}^{\sqrt{3}}=\arctan\sqrt{3}-\arctan(-1)=\frac{\pi}{3}-(-\frac{\pi}{4})=\frac{7}{12}\pi$。

例 7 已知函数 $f(x)=\begin{cases}x^2-1,x\leqslant 1,\\ \sqrt{x}\quad\ ,x>1,\end{cases}$ 求 $\int_0^2 f(x)\mathrm{d}x$ 。

解 $\int_0^2 f(x)\mathrm{d}x=\int_0^1 f(x)\mathrm{d}x+\int_1^2 f(x)\mathrm{d}x=\int_0^1(x^2-1)\mathrm{d}x+\int_1^2\sqrt{x}\,\mathrm{d}x$

$$=\left(\frac{x^3}{3}-x\right)\Big|_0^1+\frac{2}{3}x^{\frac{3}{2}}\Big|_1^2=\frac{4}{3}(\sqrt{2}-1)。$$

例 8 求 $\int_{-1}^3|2-x|\mathrm{d}x$ 。

解 $\int_{-1}^{3}|2-x|\mathrm{d}x=\int_{-1}^{2}|2-x|\mathrm{d}x+\int_{2}^{3}|2-x|\mathrm{d}x=\int_{-1}^{2}(2-x)\mathrm{d}x+\int_{2}^{3}(x-2)\mathrm{d}x$

$$=\left(2x-\frac{x^2}{2}\right)\Big|_{-1}^{2}+\left(\frac{x^2}{2}-2x\right)\Big|_{2}^{3}=\frac{9}{2}+\frac{1}{2}=5。$$

注:在使用牛顿--莱布尼茨公式时一定要注意 $f(x)$ 在区间 $[a,b]$ 上的连续性,如果 $f(x)$ 在区间 $[a,b]$ 上不连续,则不能使用。要避免如下的解题错误。

$\int_{-1}^{2}\frac{1}{x^2}\mathrm{d}x=-\frac{1}{x}\Big|_{-1}^{2}=-\frac{3}{2}$,这是因为 $f(x)=\frac{1}{x^2}$ 在区间 $[-1,2]$ 上不连续。

【同步训练】

求下列定积分。

(1) $\int_{0}^{1}(x-1)^2\mathrm{d}x$;

(2) $\int_{1}^{2}\frac{x^2-1}{\sqrt{x}}\mathrm{d}x$;

(3) $\int_{1}^{\sqrt{3}}\frac{1+2x^2}{x^2(1+x^2)}\mathrm{d}x$;

(4) $\int_{0}^{\frac{\pi}{4}}\tan^2 x\mathrm{d}x$。

习题 5.2

1. 求下列函数在指定点的导数。

(1) 设 $\Phi(x)=\int_{1}^{x}\frac{1}{1+t^{2}}\mathrm{d}t$ ，求 $\Phi'(2)$；

(2) 设 $\Phi(x)=\int_{x}^{2}\sqrt{1+t^{3}}\,\mathrm{d}t$ ，求 $\Phi'(1)$ 。

2. 求下列极限。

(1) $\lim\limits_{x\to 0}\frac{\int_{0}^{x}(1-\cos t)\mathrm{d}t}{x}$；

(2) $\lim\limits_{x\to 0}\frac{\int_{1}^{\cos x}\mathrm{e}^{-t^{2}}\mathrm{d}t}{x^{2}}$。

3. 求下列定积分。

(1) $\int_{1}^{2}(x+\sqrt{x})\mathrm{d}x$ ；

(2) $\int_{0}^{1}(3x^{2}-2x+1)\mathrm{d}x$ ；

(3) $\int_{1}^{4}\frac{(x-1)^{2}}{\sqrt{x}}\mathrm{d}x$ ；

(4) $\int_{0}^{3}|1-x|\,\mathrm{d}x$；

(5) $\int_{1}^{\sqrt{3}}\frac{1}{x^{2}(1+x^{2})}\mathrm{d}x$ ；

(6) $\int_{0}^{\frac{\pi}{4}}\frac{\cos 2x}{\sin x+\cos x}\mathrm{d}x$；

(7) $\int_{0}^{1}(2^{x}-3^{x})^{2}\mathrm{d}x$ ；

(8) $\int_{0}^{1}\frac{x^{4}}{1+x^{2}}\mathrm{d}x$；

(9) $\int_{0}^{2}\sqrt{1-2x+x^{2}}\,\mathrm{d}x$ ；

(10) $\int_{0}^{\pi}|\cos x|\,\mathrm{d}x$。

本节【同步训练】答案

(1) $\frac{1}{3}$；　(2) $\frac{8}{5}-\frac{2\sqrt{2}}{5}$；　(3) $1-\frac{\sqrt{3}}{3}+\frac{\pi}{12}$；　(4) $1-\frac{\pi}{4}$。

§5.3　定积分的换元法与分部积分法

与不定积分的换元法和分部积分法类似,定积分也有相应的换元法和分部积分法。我们在使用这些方法时一定要注意不定积分与定积分计算方法上的相同之处和区别,力求做到准确。当然最终的计算,都离不开牛顿—莱布尼茨公式。

5.3.1　定积分的换元法

定理 1　设函数 $f(x)$ 在区间 $[a,b]$ 上连续,函数 $x=\varphi(t)$ 满足条件：

(1) $\varphi(\alpha)=a$ ，$\varphi(\beta)=b$ ，且当 t 在区间 $[\alpha,\beta]$ 上变化时，$x=\varphi(t)$ 的值在 $[a,b]$ 上

变化；

(2) $\varphi(t)$ 在区间 $[\alpha,\beta]$ 上单调且有连续的导数 $\varphi'(t)$，则有

$$\int_a^b f(x)\mathrm{d}x=\int_\alpha^\beta f[\varphi(t)]\varphi'(t)\mathrm{d}t。$$

上述公式称为定积分换元公式。

应用定积分换元公式需注意以下几点。

(1)通过变量代换 $x=\varphi(t)$，把原积分变量 x 换成了新积分变量 t，此时积分的上、下限也应相应换成新变量 t 的积分上、下限。即定积分换元时千万不能忘记换积分限，且原上限对应换为新上限，原下限对应换为新下限(不必顾及新积分上、下限的大小)。

(2)对新变量 t 积分，求得原函数 $\Phi(t)$ 后不需再换回原积分变量 x。只需直接将新变量 t 的上、下限代入 $\Phi(t)$ 计算结果即可。

例 1 计算 $\int_0^a\sqrt{a^2-x^2}\,\mathrm{d}x\ (a>0)$。

解 令 $x=a\sin t$，则 $\sqrt{a^2-x^2}=\sqrt{a^2-a^2\sin^2 t}=a\cos t$，$\mathrm{d}x=a\cos t\mathrm{d}t$。

当 $x=0$ 时，$t=0$；当 $x=a$ 时，$t=\frac{\pi}{2}$。

于是 $\int_0^a\sqrt{a^2-x^2}\,\mathrm{d}x=\int_0^{\frac{\pi}{2}}a\cos t\cdot a\cos t\mathrm{d}t=a^2\int_0^{\frac{\pi}{2}}\cos^2 t\mathrm{d}t$。

$$=\frac{a^2}{2}\int_0^{\frac{\pi}{2}}(1+\cos 2t)\mathrm{d}t=\frac{a^2}{2}\left[t+\frac{1}{2}\sin 2t\right]\Bigg|_0^{\frac{\pi}{2}}=\frac{1}{4}\pi a^2。$$

例 2 计算 $\int_0^9\frac{\mathrm{d}x}{1+\sqrt{x}}$。

解 令 $\sqrt{x}=t$，则 $x=t^2$，$\mathrm{d}x=2t\mathrm{d}t$。

当 $x=0$ 时，$t=0$；当 $x=9$ 时，$t=3$。

于是 $\int_0^9\frac{\mathrm{d}x}{1+\sqrt{x}}=2\int_0^3\frac{t}{1+t}\mathrm{d}t=2\int_0^3\frac{t+1-1}{1+t}\mathrm{d}t=2\int_0^3\left(1-\frac{1}{1+t}\right)\mathrm{d}t$

$$=2[t-\ln(1+t)]\big|_0^3=6-4\ln 2。$$

例 3 计算 $\int_0^4\frac{x+2}{\sqrt{2x+1}}\mathrm{d}x$。

解 令 $\sqrt{2x+1}=t$，则 $x=\frac{t^2-1}{2}$，$\mathrm{d}x=t\mathrm{d}t$。

当 $x=0$ 时，$t=1$；当 $x=4$ 时，$t=3$。

于是 $\int_0^4\frac{x+2}{\sqrt{2x+1}}\mathrm{d}x=\int_1^3\frac{\frac{t^2-1}{2}+2}{t}t\mathrm{d}t=\frac{1}{2}\int_1^3(t^2+3)\mathrm{d}t$

$$=\frac{1}{2}\left(\frac{1}{3}t^3+3t\right)\Big|_1^3=\frac{1}{2}\left[\left(\frac{27}{3}+9\right)-\left(\frac{1}{3}+3\right)\right]=\frac{22}{3}。$$

(3)当定积分形如 $\int_a^b f[\varphi(x)]\varphi'(x)\mathrm{d}x$ 时，除可按与不定积分的凑微分法相对应的方法计算，此时无须换元，从而不必换积分限；另外，也可将定理 1 的换元公式反过来用，即：令 $t=\varphi(x)$，引入新变量 t，且当 $x=a$ 时，$t=\varphi(a)=\alpha$，当 $x=b$ 时，$t=\varphi(b)=\beta$，则有

$$\int_a^b f[\varphi(x)]\varphi'(x)\mathrm{d}x=\int_\alpha^\beta f(t)\mathrm{d}t 。$$

因此时已换元，一定要注意换积分限。详见下述各例。

例 4 计算 $\int_0^{\frac{\pi}{2}}\cos^5 x\sin x\mathrm{d}x$ 。

解 写法一：$\int_0^{\frac{\pi}{2}}\cos^5 x\sin x\mathrm{d}x=-\int_0^{\frac{\pi}{2}}\cos^5 x\mathrm{d}(\cos x)$

$$=-\frac{\cos^6 x}{6}\bigg|_0^{\frac{\pi}{2}}=\frac{1}{6} 。$$

写法二：$\int_0^{\frac{\pi}{2}}\cos^5 x\sin x\mathrm{d}x=-\int_0^{\frac{\pi}{2}}\cos^5 x\mathrm{d}(\cos x)$。

令 $\cos x=t$，当 $x=0$ 时，$t=1$；当 $x=\frac{\pi}{2}$ 时，$t=0$。

于是　　上式 $=-\int_1^0 t^5\mathrm{d}t=\int_0^1 t^5\mathrm{d}t=\left(\frac{1}{6}t^6\right)\Big|_0^1=\frac{1}{6}$。

例 5 计算 $\int_{-1}^1\frac{x}{2+3x^2}\mathrm{d}x$ 。

解 写法一：$\int_{-1}^1\frac{x}{2+3x^2}\mathrm{d}x=\frac{1}{6}\int_{-1}^1\frac{\mathrm{d}(2+3x^2)}{2+3x^2}$

$$=\frac{1}{6}\ln(2+3x^2)\big|_{-1}^1=0。$$

写法二：$\int_{-1}^1\frac{x}{2+3x^2}\mathrm{d}x=\frac{1}{6}\int_{-1}^1\frac{\mathrm{d}(2+3x^2)}{2+3x^2}$。

令 $2+3x^2=t$，当 $x=-1$ 时，$t=5$；当 $x=1$ 时，$t=5$。

于是　　上式 $=\frac{1}{6}\int_5^5\frac{\mathrm{d}t}{t}=0$。

例 6 计算 $\int_1^{\sqrt{e}}\frac{1}{x\sqrt{1-(\ln x)^2}}\mathrm{d}x$ 。

解 写法一：$\int_1^{\sqrt{e}}\frac{1}{x\sqrt{1-(\ln x)^2}}\mathrm{d}x=\int_1^{\sqrt{e}}\frac{1}{\sqrt{1-(\ln x)^2}}\mathrm{d}(\ln x)$

$$=\arcsin(\ln x)\Big|_1^{\sqrt{e}}=\arcsin\frac{1}{2}-\arcsin 0=\frac{\pi}{6}。$$

写法二：$\int_1^{\sqrt{e}}\frac{1}{x\sqrt{1-(\ln x)^2}}dx=\int_1^{\sqrt{e}}\frac{1}{\sqrt{1-(\ln x)^2}}d(\ln x)$。

令 $\ln x=t$，当 $x=1$ 时，$t=0$；当 $x=\sqrt{e}$ 时，$t=\frac{1}{2}$。

于是　　上式 $=\int_0^{\frac{1}{2}}\frac{1}{\sqrt{1-t^2}}dt=\arcsin t\Big|_0^{\frac{1}{2}}=\arcsin\frac{1}{2}-\arcsin 0=\frac{\pi}{6}$。

例 7　计算 $\int_0^{\pi}\sqrt{\sin^3 x-\sin^5 x}\,dx$。

解　$\int_0^{\pi}\sqrt{\sin^3 x-\sin^5 x}\,dx=\int_0^{\pi}\sin^{\frac{3}{2}}x\,|\cos x|\,dx$

$$=\int_0^{\frac{\pi}{2}}\sin^{\frac{3}{2}}x\cos x\,dx-\int_{\frac{\pi}{2}}^{\pi}\sin^{\frac{3}{2}}x\cos x\,dx$$

$$=\int_0^{\frac{\pi}{2}}\sin^{\frac{3}{2}}x\,d(\sin x)-\int_{\frac{\pi}{2}}^{\pi}\sin^{\frac{3}{2}}x\,d(\sin x)$$

$$=\left(\frac{2}{5}\sin^{\frac{5}{2}}x\right)\Big|_0^{\frac{\pi}{2}}-\left(\frac{2}{5}\sin^{\frac{5}{2}}x\right)\Big|_{\frac{\pi}{2}}^{\pi}=\frac{2}{5}-\left(-\frac{2}{5}\right)=\frac{4}{5}。$$

例 8　设 $f(x)$ 在关于原点对称的区间 $[-a,a]$ 上连续，证明：

(1) 若 $f(x)$ 是奇函数，则 $\int_{-a}^{a}f(x)dx=0$；

(2) 若 $f(x)$ 是偶函数，则 $\int_{-a}^{a}f(x)dx=2\int_0^a f(x)dx$。

证明　$\int_{-a}^{a}f(x)dx=\int_{-a}^{0}f(x)dx+\int_0^a f(x)dx$。

对 $\int_{-a}^{0}f(x)dx$ 做代换 $x=-t$，则有

$$\int_{-a}^{0}f(x)dx=\int_a^0 f(-t)d(-t)=\int_0^a f(-t)dt=\int_0^a f(-x)dx,$$

于是　$\int_{-a}^{a}f(x)dx=\int_0^a f(x)dx+\int_0^a f(-x)dx=\int_0^a[f(x)+f(-x)]dx$。

(1)若 $f(x)$ 是奇函数，即 $f(-x)=-f(x)$，则 $f(x)+f(-x)=0$，从而

$$\int_{-a}^{a}f(x)dx=0;$$

(2)若 $f(x)$ 是偶函数，即 $f(-x)=f(x)$，则 $f(x)+f(-x)=2f(x)$，从而

$$\int_{-a}^{a}f(x)dx=2\int_0^a f(x)dx。$$

注：本例的结果可作为定理应用，在计算对称区间上的积分时，如能判断被积函数的奇

偶性，可使计算简化。譬如在例 5 中，我们看到函数 $f(x)=\dfrac{x}{2+3x^2}$ 在对称区间 $[-1,1]$ 上是奇函数，故 $\int_{-1}^{1}\dfrac{x}{2+3x^2}\mathrm{d}x=0$。

例 9 计算 $\int_{-\sqrt{3}}^{\sqrt{3}}\dfrac{x^5\sin^2x}{1+x^2+x^4}\mathrm{d}x$。

解 设 $f(x)=\dfrac{x^5\sin^2x}{1+x^2+x^4}$，容易验证 $f(x)$ 为奇函数，因此

$$\int_{-\sqrt{3}}^{\sqrt{3}}\frac{x^5\sin^2x}{1+x^2+x^4}\mathrm{d}x=0。$$

例 10 计算 $\int_{-1}^{1}\dfrac{1+x}{1+x^2}\mathrm{d}x$。

解 被积函数 $\dfrac{1+x}{1+x^2}=\dfrac{1}{1+x^2}+\dfrac{x}{1+x^2}$，其中第一项是偶函数，第二项是奇函数，而积分区间为 $[-1,1]$，所以

$$\int_{-1}^{1}\frac{1+x}{1+x^2}\mathrm{d}x=\int_{-1}^{1}\frac{1}{1+x^2}\mathrm{d}x+\int_{-1}^{1}\frac{x}{1+x^2}\mathrm{d}x=2\int_{0}^{1}\frac{1}{1+x^2}\mathrm{d}x$$

$$=2\arctan x\Big|_0^1=\frac{\pi}{2}。$$

【同步训练 1】

计算下列定积分。

(1) $\int_{-1}^{0}\sqrt{1-3x}\,\mathrm{d}x$；　　　　(2) $\int_{0}^{\ln2}\mathrm{e}^x(1+\mathrm{e}^x)^2\mathrm{d}x$；

(3) $\int_{\frac{1}{\pi}}^{\frac{2}{\pi}} \frac{\cos\frac{1}{x}}{x^2}\mathrm{d}x$；　　(4) $\int_{-1}^{1} \frac{x}{\sqrt{5-4x}}\mathrm{d}x$。

5.3.2 定积分的分部积分法

定理 2 设函数 $u(x)$，$v(x)$ 在区间 $[a,b]$ 上具有连续导数 $u'(x)$，$v'(x)$，则有

$$\int_a^b u\mathrm{d}v = uv\Big|_a^b - \int_a^b v\mathrm{d}u。$$

用此公式求定积分的方法称为定积分的分部积分法。值得注意的是，定积分的分部积分法与不定积分的分部积分法公式虽然相似，但是定积分的分部积分法中右边第一项带有积分限，实为函数乘积 $u(x)v(x)$ 在区间 $[a,b]$ 的增量值。

例 11 计算 $\int_0^1 x\mathrm{e}^x\mathrm{d}x$。

解 $\int_0^1 x\mathrm{e}^x\mathrm{d}x = \int_0^1 x\mathrm{d}(\mathrm{e}^x) = x\mathrm{e}^x\Big|_0^1 - \int_0^1 \mathrm{e}^x\mathrm{d}x = \mathrm{e} - \mathrm{e}^x\Big|_0^1 = 1$。

例 12 计算 $\int_0^{\pi} x\sin x\mathrm{d}x$。

解 $\int_0^{\pi} x\sin x\mathrm{d}x = -\int_0^{\pi} x\mathrm{d}(\cos x) = -x\cos x\Big|_0^{\pi} + \int_0^{\pi}\cos x\mathrm{d}x = \pi + \sin x\Big|_0^{\pi} = \pi$。

注：求定积分时有时还要注意综合使用换元法和分部积分法，见下例。

例 13 计算 $\int_0^{\frac{1}{2}} \arcsin x\mathrm{d}x$。

解

$$\begin{aligned}\int_0^{\frac{1}{2}} \arcsin x\mathrm{d}x &= (x\arcsin x)\Big|_0^{\frac{1}{2}} - \int_0^{\frac{1}{2}} x\mathrm{d}(\arcsin x) = \frac{1}{2}\cdot\frac{\pi}{6} - \int_0^{\frac{1}{2}}\frac{x}{\sqrt{1-x^2}}\mathrm{d}x\\ &= \frac{\pi}{12} + \frac{1}{2}\int_0^{\frac{1}{2}}\frac{1}{\sqrt{1-x^2}}\mathrm{d}(1-x^2) = \frac{\pi}{12} + \sqrt{1-x^2}\Big|_0^{\frac{1}{2}}\\ &= \frac{\pi}{12} + \frac{\sqrt{3}}{2} - 1。\end{aligned}$$

例 14 计算 $\int_0^4 e^{\sqrt{x}} dx$ 。

解 令 $\sqrt{x}=t, dx=2t dt$ 。

当 $x=0$ 时，$t=0$；当 $x=4$ 时，$t=2$。

于是 $\int_0^4 e^{\sqrt{x}} dx = 2\int_0^2 t \cdot e^t dt = 2\int_0^2 t d(e^t)$

$$= 2te^t \Big|_0^2 - 2\int_0^2 e^t dt = 4e^2 - 2e^t \Big|_0^2 = 2(e^2+1)。$$

【同步训练 2】

计算下列定积分。

(1) $\int_0^{\frac{\pi}{2}} x\cos x dx$ ；　　(2) $\int_1^e \ln x dx$ 。

习题 5.3

1. 计算下列定积分。

(1) $\int_0^{\frac{\pi}{2}} \sin(x+\frac{\pi}{2}) dx$ ；　　(2) $\int_{\frac{\pi}{6}}^{\frac{\pi}{2}} \cos^2 x dx$ ；

(3) $\int_1^e \frac{2+\ln x}{x} dx$ ；　　(4) $\int_0^{\frac{\pi}{2}} \sin x \cos^3 x dx$；

(5) $\int_0^1 x(1+x^2)^3 dx$ ；　　(6) $\int_1^4 \frac{e^{\sqrt{x}}}{\sqrt{x}} dx$；

(7) $\int_{-1}^1 \frac{e^x}{1+e^x} dx$ ；　　(8) $\int_0^1 te^{-\frac{t^2}{2}} dt$；

(9) $\int_{-\frac{1}{2}}^{\frac{1}{2}} \frac{\arcsin x}{\sqrt{1-x^2}} dx$ ；　　(10) $\int_0^4 \frac{\sqrt{x}}{1+\sqrt{x}} dx$ ；

(11) $\int_1^5 \frac{\sqrt{x-1}}{x} dx$ ；　　(12) $\int_1^2 \frac{\sqrt{x^2-1}}{x} dx$；

(13) $\int_0^7 \frac{1}{1+\sqrt[3]{1+x}}\mathrm{d}x$； (14) $\int_0^{\frac{1}{2}} \frac{x^2}{\sqrt{1-x^2}}\mathrm{d}x$。

2. 计算下列定积分。

(1) $\int_0^1 x\mathrm{e}^{-x}\mathrm{d}x$； (2) $\int_0^{\pi} x\cos 3x\mathrm{d}x$；

(3) $\int_0^1 x^3\mathrm{e}^{x^2}\mathrm{d}x$； (4) $\int_0^{\frac{\sqrt{3}}{2}} \arccos x\mathrm{d}x$；

(5) $\int_0^{\frac{\pi^2}{4}} \sin\sqrt{x}\mathrm{d}x$； (6) $\int_1^{\mathrm{e}} x\ln x\mathrm{d}x$。

本节【同步训练 1】答案

(1) $\frac{14}{9}$； (2) $\frac{19}{3}$； (3) -1； (4) $\frac{1}{6}$。

本节【同步训练 2】答案

(1) $\frac{\pi}{2}-1$； (2) 1。

§5.4 定积分的应用

定积分是求某种总量的数学模型，它在几何学、物理学、经济学、社会学等方面都有着广泛的应用，在此我们只简单介绍定积分在几何及经济方面的应用。

5.4.1 平面图形的面积

在§5.1中，我们知道了定积分的几何意义，从而可以应用定积分讨论平面图形的面积。

如果在区间 $[a,b]$ 上函数 $f(x)\geqslant 0$，则由曲线 $y=f(x)$ 及直线 $x=a$，$x=b$ 与 x 轴所围成的曲边梯形(见图 5-5)的面积 $A=\int_a^b f(x)\mathrm{d}x$ 。

如果在区间 $[a,b]$ 上函数 $f(x)$ 有正有负，则由曲线 $y=f(x)$ 及直线 $x=a$，$x=b$ 与 x 轴所围成的曲边梯形的面积 $A=\int_a^b |f(x)|\mathrm{d}x$。

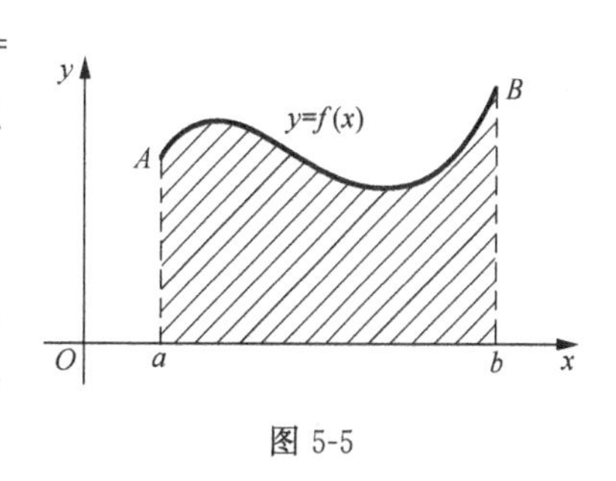

图 5-5

在讨论平面图形面积时，一般会出现以下两种情形。

(1) 由上下两条连续曲线 $y=f(x)$，$y=g(x)$ ($f(x)\geqslant g(x)$)与两条直线 $x=a$，$x=b$ 所围成的平面图形(见图 5-6)的面积 A 为

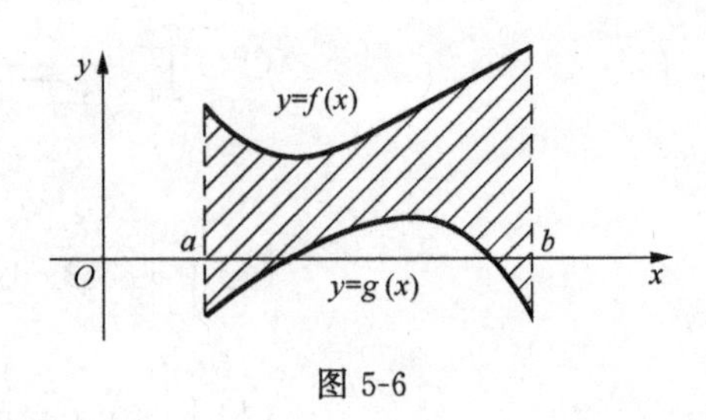

图 5-6

$$A=\int_a^b[f(x)-g(x)]\mathrm{d}x$$（X 型，以 x 为积分变量）。

(2) 由左右两条连续曲线 $x=\varphi(y)$，$x=\psi(y)$（$\varphi(y)\geqslant\psi(y)$）与两条直线 $y=c$，$y=d$ 所围成的平面图形(见图 5-7)的面积 A 为

$$A=\int_c^d[\varphi(y)-\psi(y)]\mathrm{d}y$$（Y 型，以 y 为积分变量）。

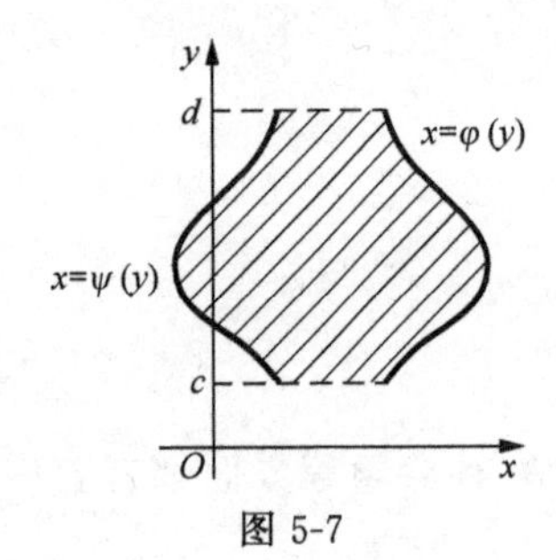

图 5-7

用定积分求平面图形面积的步骤如下。

(1) 根据已知条件画出草图；

(2) 选择积分变量，并由所求出的交点坐标确定积分上、下限；

(3) 列积分表达式计算面积。

例 1 求由曲线 $y=\sin x$，$y=\cos x$ 及直线 $x=0$，$x=\frac{\pi}{2}$ 所围平面图形的面积。

解 由图 5-8 可知，当 $x\in\left[0,\frac{\pi}{4}\right]$ 时，$\sin x\leqslant\cos x$，

当 $x\in\left[\frac{\pi}{4},\frac{\pi}{2}\right]$ 时，$\sin x\geqslant\cos x$，则有

$$A=\int_0^{\frac{\pi}{4}}(\cos x-\sin x)\mathrm{d}x+\int_{\frac{\pi}{4}}^{\frac{\pi}{2}}(\sin x-\cos x)\mathrm{d}x$$

$$=(\sin x+\cos x)\Big|_0^{\frac{\pi}{4}}+(-\cos x-\sin x)\Big|_{\frac{\pi}{4}}^{\frac{\pi}{2}}=2(\sqrt{2}-1)。$$

例 2 求由抛物线 $y^2=2x$ 与直线 $y=x-4$ 所围图形的面积。

解 作图 5-9 并解方程组 $\begin{cases}y^2=2x,\\y=x-4,\end{cases}$ 得交点为 $(2,-2)$ 及 $(8,4)$。

取 y 为积分变量，$y\in[-2,4]$，将曲线方程改写为 $x=\frac{y^2}{2}$ 及 $x=y+4$，则有

$$A=\int_{-2}^{4}\left(y+4-\frac{1}{2}y^2\right)\mathrm{d}y=\left(\frac{1}{2}y^2+4y-\frac{1}{6}y^3\right)\Big|_{-2}^{4}=18。$$

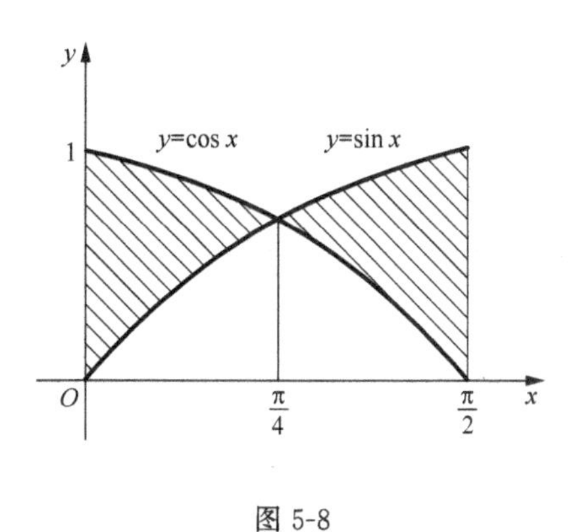

图 5-8

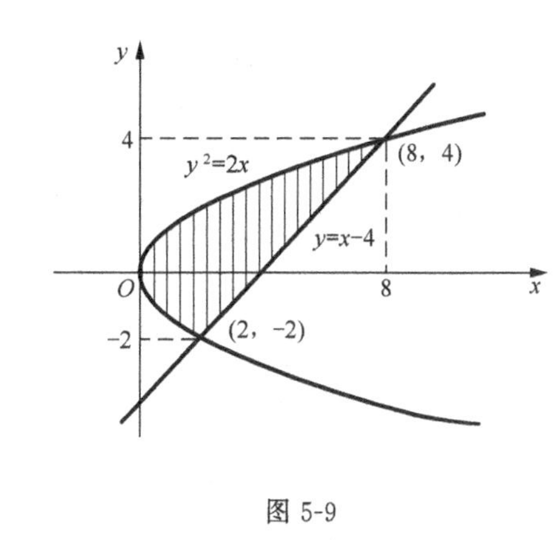

图 5-9

注：本题若以 x 为积分变量，由于 x 从 0 到 2 与 x 从 2 到 8 这两段中的情况是不同的，因此需要把图形的面积分成左右两部分来计算，最后两部分面积加起来才是所求图形的面积，即

$$A=\int_0^2[\sqrt{2x}-(-\sqrt{2x})]\,\mathrm{d}x+\int_2^8[\sqrt{2x}-(x-4)]\,\mathrm{d}x$$

$$=\frac{4\sqrt{2}}{3}x^{\frac{3}{2}}\Big|_0^2+\left(\frac{2\sqrt{2}}{3}x^{\frac{3}{2}}-\frac{1}{2}x^2+4x\right)\Big|_2^8=18。$$

这样计算不如上述方法简便。可见适当选取积分变量，可使计算简化。

例 3 求两条抛物线 $y^2=x,y=x^2$ 所围图形的面积。

解 作图 5-10 并解方程组 $\begin{cases}y^2=x,\\ y=x^2,\end{cases}$ 得交点为 $(0,0)$ 及 $(1,1)$。

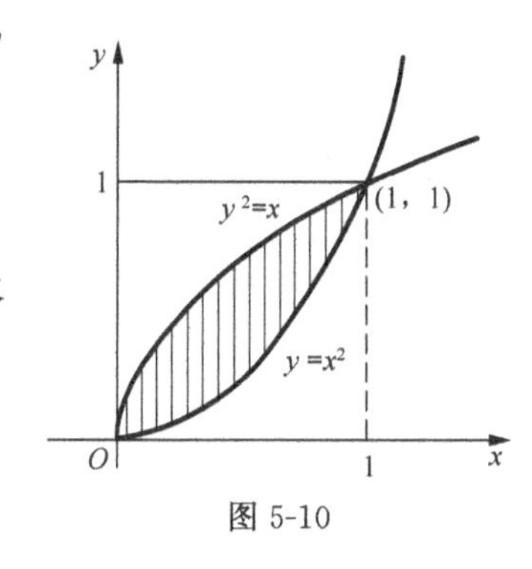

图 5-10

取 x 为积分变量，则有

$$A=\int_0^1(\sqrt{x}-x^2)\,\mathrm{d}x=\left(\frac{2}{3}x^{\frac{3}{2}}-\frac{1}{3}x^3\right)\Big|_0^1=\frac{1}{3}。$$

5.4.2 旋转体的体积

旋转体就是由一个平面图形绕这平面内一条直线旋转一周而成的立体，这条直线叫作旋转轴。如圆柱、圆锥、圆台、球体等都是旋转体。下面分别以 x 轴和 y 轴为旋转轴，给出旋转体的体积公式。

(1)如图 5-11 所示，由曲线 $y=f(x)(f(x)\geqslant 0)$，直线 $x=a,x=b(a<b)$ 和 x 轴围成的曲边梯形，绕 x 轴旋转而形成的旋转体的体积为

$$V=\int_a^b\pi[f(x)]^2\,\mathrm{d}x。$$

(2)如图 5-12 所示,由曲线 $x=\varphi(y)(\varphi(y)\geqslant 0)$,直线 $y=c$,$y=d(c<d)$ 和 y 轴围成的曲边梯形,绕 y 轴旋转而形成的旋转体的体积为

$$V=\int_c^d \pi[\varphi(y)]^2 \mathrm{d}y。$$

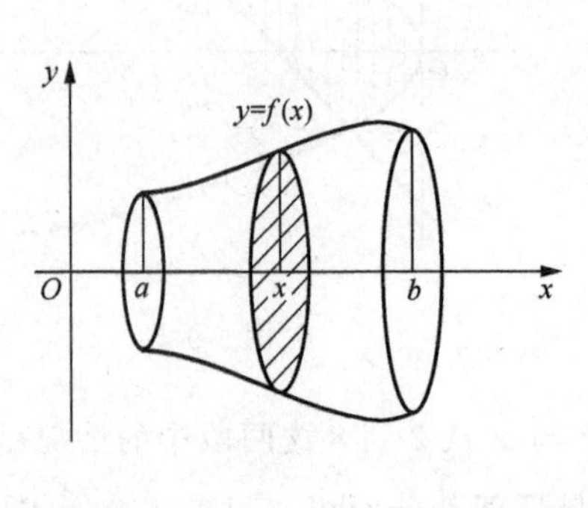

图 5-11

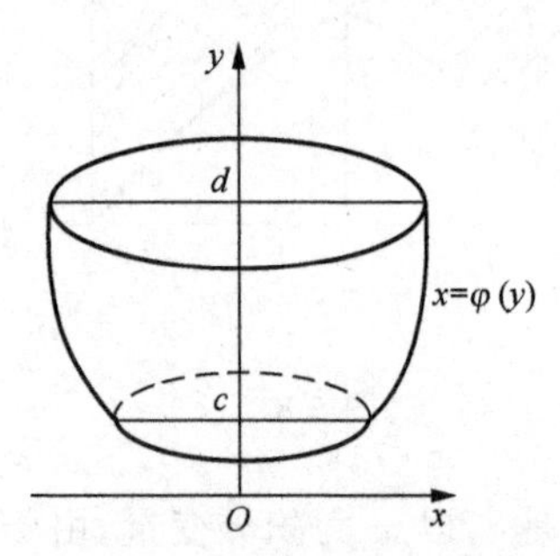

图 5-12

例 4 连接坐标原点 O 及点 $P(h,r)$ 的直线与直线 $x=h$ 及 x 轴围成一个直角三角形,将其绕 x 轴旋转构成一个底面半径为 r 、高为 h 的圆锥体(见图 5-13),计算这个圆锥体的体积。

解 直角三角形斜边的直线方程为 $y=\frac{r}{h}x$ 。

取 x 为积分变量,它的变化范围为 $[0,h]$。则所求圆锥体的体积为

$$V=\int_0^h \pi\left(\frac{r}{h}x\right)^2 \mathrm{d}x=\frac{\pi r^2}{h^2}\left(\frac{1}{3}x^3\right)\Bigg|_0^h=\frac{1}{3}\pi h r^2 。$$

例 5 计算由椭圆 $\frac{x^2}{a^2}+\frac{y^2}{b^2}=1$(见图 5-14)绕 y 轴旋转而成的旋转体(旋转椭球体)的体积。

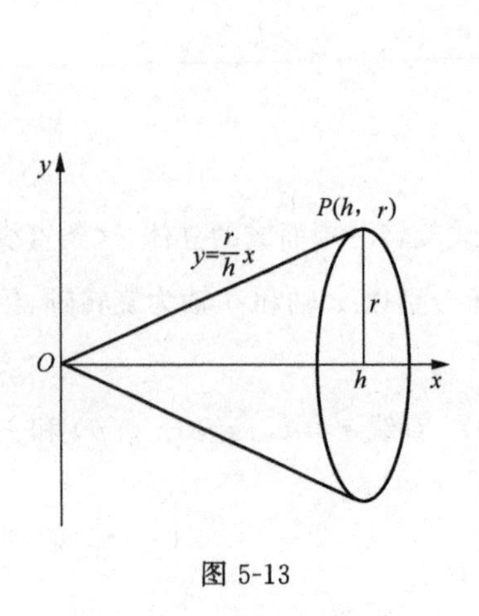

图 5-13

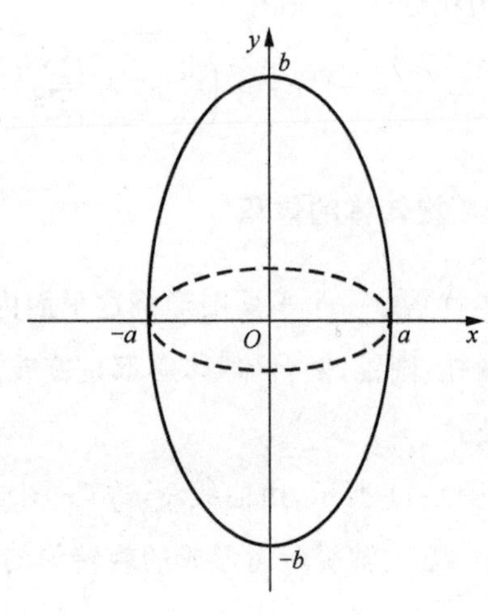

图 5-14

解 这个旋转椭球体也可以看作是由半个椭圆 $x=\frac{a}{b}\sqrt{b^2-y^2}$ 及 y 轴围成的图形绕 y 轴旋转而成的立体。于是取 y 为积分变量，它的变化范围为 $[-b,b]$。则所求旋转椭球体的体积为

$$
\begin{aligned}
V&=\int_{-b}^{b}\pi\left(\frac{a}{b}\sqrt{b^2-y^2}\right)^2\mathrm{d}y\\
&=\frac{2\pi a^2}{b^2}\int_0^b(b^2-y^2)\mathrm{d}y\\
&=\frac{2\pi a^2}{b^2}\left(b^2y-\frac{y^3}{3}\right)\Big|_0^b=\frac{2\pi a^2}{b^2}\left(b^3-\frac{b^3}{3}\right)=\frac{4}{3}\pi a^2 b\text{。}
\end{aligned}
$$

思考题：椭圆绕 x 轴旋转呢？此时椭球体体积是多少？

5.4.3 定积分在经济上的应用

前面已经介绍了经济学中常见的几种函数，如成本函数、收益函数、利润函数等。求一个经济函数的边际问题就是求导运算，但在实际生活中也有相反的要求，即已知边际函数或变化率，求总量函数或总量函数在某个范围内的总量时，经常应用定积分进行计算。

例 6 若某产品的边际收益函数为 $R'(Q)=100-\frac{2}{5}Q$，其中 Q 是产量，求总收益函数及需求函数。

解 总收益函数为

$$R(Q)=\int_0^Q R'(t)\mathrm{d}t=\int_0^Q\left(100-\frac{2}{5}t\right)\mathrm{d}t=\left(100t-\frac{1}{5}t^2\right)\Big|_0^Q=100Q-\frac{1}{5}Q^2\text{。}$$

由于

$$R(Q)=P\cdot Q=100Q-\frac{1}{5}Q^2,$$

$$P=100-\frac{1}{5}Q,$$

则

$$Q=500-5P\text{。}$$

例 7 设某产品的边际成本是产量 Q 的函数，已知固定成本是 2000。

$$C'(Q)=3Q^2-118Q+1000,$$

求总成本函数。

解

$$
\begin{aligned}
C(Q)&=C(0)+\int_0^Q C'(t)\mathrm{d}t=2000+\int_0^Q(3t^2-118t+1000)\mathrm{d}t\\
&=2000+(t^3-59t^2+1000t)\Big|_0^Q=Q^3-59Q^2+1000Q+2000\text{。}
\end{aligned}
$$

例 8 设某产品的总产量变化率为 $f(t)=t+6\ (t\geqslant 0)$，求：

(1) 总产量函数 $Q(t)$；(2) 从 $t_0=2$ 到 $t_1=8$ 这段时间内的总产量。

解 (1) 由于总产量 $Q(t)$ 为总产量变化率 $f(t)=t+6$ 的原函数，所以总产量函数为

$$Q(t)=\int_0^t (x+6)\mathrm{d}x=\frac{1}{2}t^2+6t。$$

(2) 从 $t_0=2$ 到 $t_1=8$ 这段时间内的总产量为

$$\Delta Q=\int_2^8 (t+6)\mathrm{d}t=\left(\frac{1}{2}t^2+6t\right)\Big|_2^8=66。$$

例 9 若生产某种产品 Q 单位时，固定成本为 20 元，边际成本函数为 $C'(Q)=0.4Q+2$。

(1)求成本函数 $C=C(Q)$；

(2)如果这种产品销售价格为 18 元/单位，且产品可以全部售出，求利润函数 $L(Q)$；

(3)每天生产多少单位产品时，才能获得最大的利润？

解 (1) $C(Q)=C(0)+\int_0^Q C'(t)\mathrm{d}t=20+\int_0^Q (0.4t+2)\mathrm{d}t=0.2Q^2+2Q+20$；

(2)利润函数为

$$L(Q)=R(Q)-C(Q)=18Q-(0.2Q^2+2Q+20)=16Q-0.2Q^2-20；$$

(3) $L'(Q)=16-0.4Q$。

令 $L'(Q)=0$，得 $Q=40$，又 $L''(40)=-0.4$，则 $Q=40$ 是唯一极大值点。即每天生产 40 单位时，利润最大，最大利润为

$$L(40)=16\times 40-0.2\times 40^2-20=300(元)。$$

习题 5.4

1. 求由抛物线 $y=x^2-1$ 与 $y=x+1$ 围成图形的面积。

2. 求由 $y=\frac{1}{x}$，$y^2=x$ 与直线 $y=3$ 围成图形的面积。

3. 求由两条抛物线 $y=x^2$，$y=\frac{1}{4}x^2$ 及直线 $y=1$ 所围图形的面积。

4. 求 $y=\frac{3}{x}$，$y=4-x$ 围成图形的面积。

5. 求由曲线 $y=\sqrt[3]{x}$ 与 $x=8$ 及 x 轴所围成的图形绕 x 轴旋转而成的旋转体的体积。

6. 求抛物线 $y=x^2$ 与直线 $y=4$ 所围成的图形绕 y 轴旋转而成旋转体的体积。

7. 若生产某种产品 q 单位时，固定成本为 50 元，边际成本函数为 $C'(q)=2e^{0.1q}$，求其成本函数 $C(q)$。

8. 已知边际收益函数 $R'(Q)=8(1+Q)^{-2}$，且当产量 Q 为零时，总收益 R 为零，求总收益函数 $R(Q)$。

9. 生产某产品的边际费用为 $C'(Q)=2Q^2-5Q+200$，其中 Q 为产量，已知生产 3 件产品时总费用为 801 元，求总费用函数。

10. 生产某产品的总成本 C 是产量 Q 的函数，其边际成本 $C'(Q)=1+Q$，边际收益 $R'(Q)=9-Q$，且当产量为 2 时，总成本为 100，总收益为 200，求总利润函数，并求生产量为多少时总利润最大？且最大利润是多少？

附录1 Mathematica软件应用基础

一、认识 Mathematica

1. Mathematica 简介

数学软件可以使不同专业的学生和科研人员快速掌握借助计算机进行科学研究和科学计算的本领。Mathematica是集数值计算、符号运算(包括微积分)及图形处理等强大功能于一体的科学计算软件。Mathematica是1988年由美国的Wolfram Research公司推出的,作为强大的科学计算平台,它几乎能够满足所有的计算需要。在高等数学学习中,如果应用Mathematica将大大减小运算和作图的难度。Mathematica还是数学建模不可缺少的武器,并融入数学建模课程中,成为一个有机的组成部分。

2. Mathematica 的安装

(1) 启动Windows操作系统,打开Windows资源管理器。

(2) 在Windows资源管理器中选择Mathematica系统安装盘,查看磁盘中的安装文件Setup。

(3) 用鼠标双击安装文件Setup,屏幕上出现一些选择对话框。

(4) 用鼠标单击所有选择对话框的OK按钮或键入字母y,按照提示即可一步步地完成Mathematica的安装。

3. Mathematica 的进入/退出

Mathematica安装成功后,系统会在Windows【开始】菜单的【程序】子菜单中加入启动Mathematica命令的图标,用鼠标单击它就可以启动Mathematica,如附图1-1所示。

启动Mathematica后,屏幕上出现称为Notebook的Mathematica系统集成界面,如附图1-2所示。

退出Mathematica系统像关闭一个Word文件一样,只要用鼠标单击Mathematica系统集成界面右上角的关闭按钮即可。关闭前,屏幕会出现一个对话框,询问是否保存用户区的内容,如果单击对话框的“否(N)”按钮,则关闭Notebook窗口,退出Mathematica系统;如果单击对话框的“是(Y)”按钮,则先提示用一个具有扩展名为.ma的文件名来保存用户区的内容,再退出Mathematica系统。

4. Mathematica 中的 Cell

在Notebook用户区,从开始输入到按下Shift+Enter组合键称为Mathematica一个输入。

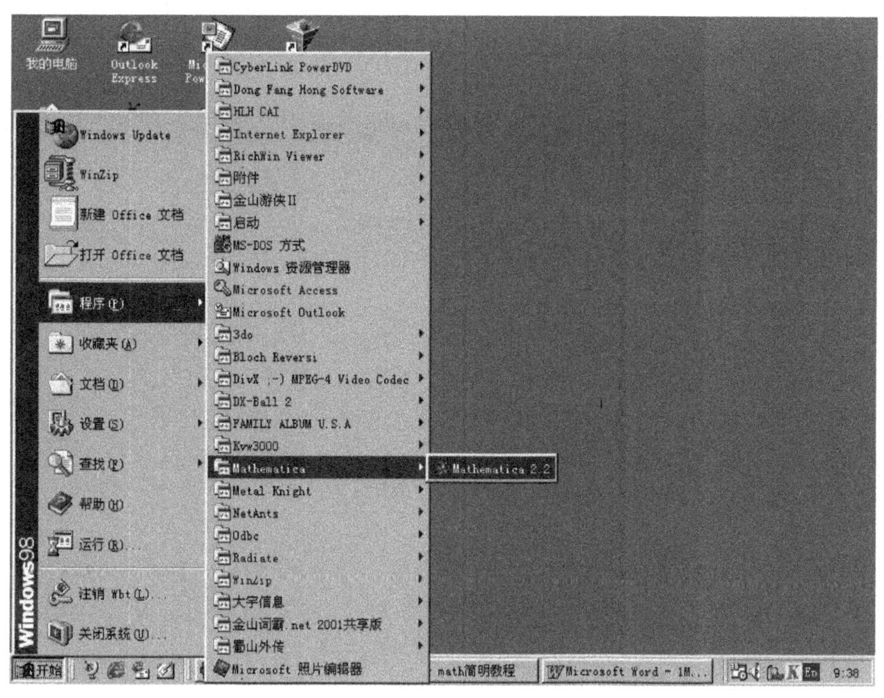

附图 1-1　启动 Mathematica

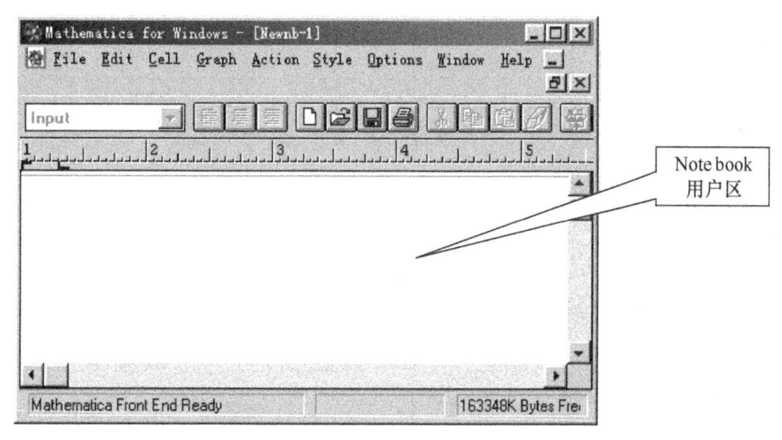

附图 1-2　Mathematica 系统集成界面图

每一个输入的内容 Notebook 都在其最右端用一个方括号括起来。此外，Mathematica 中的每个输出或图形的右边也都有一个方括号，这些方括号括起的内容称为 Cell，而方括号是这个 Cell 的手柄。Cell 是 Notebook 的基本单元，Notebook 中的所有内容都被组成有序的 Cell。由若干个 Cell 可以组成按组分级排列的复合 Cell(见附图 1-3)。复合 Cell 的手柄是最外层的大方括号。不管是什么类型的 Cell，都可以通过先选定它，然后就可以对它的内容进行编辑和操作了。用鼠标单击某个 Cell 的手柄，对应的方括号变黑表示已经选定这个

Cell了，此时，可以使用复制、删除及粘贴等功能处理所选定的Cell中的内容。特别地，还可以将在Mathematica的Notebook中选定的图形粘贴到其他Word文件中。

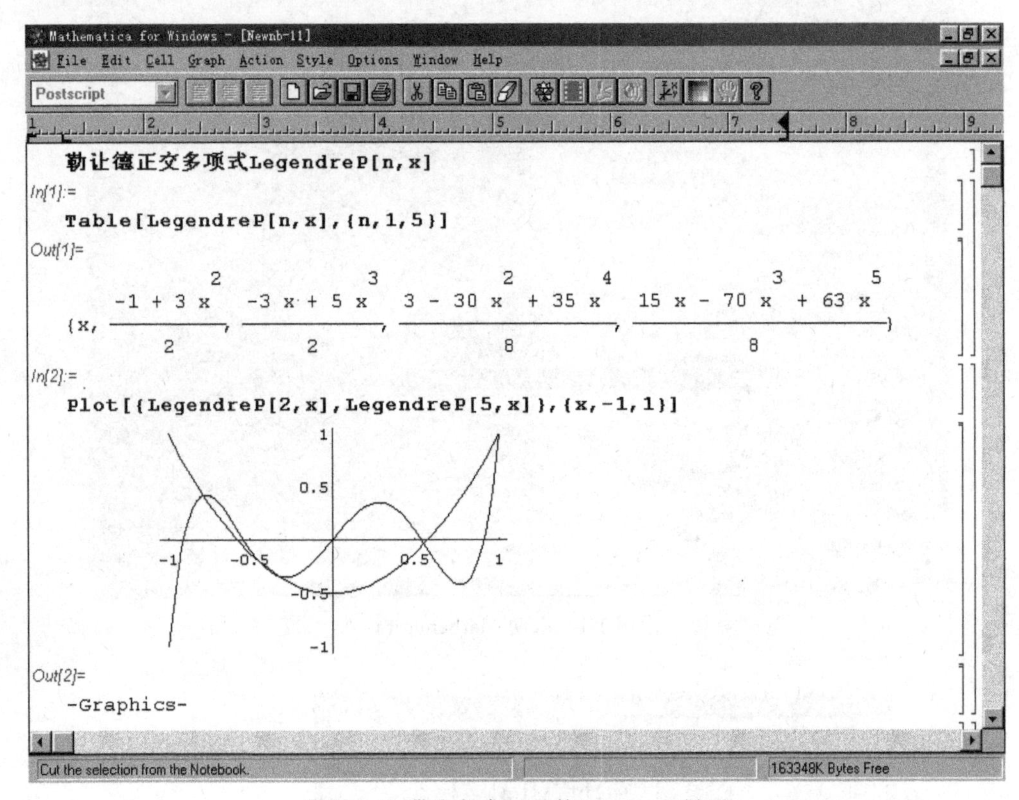

附图1-3　带有复合Cell的Notebook界面

5. Mathematica操作的注意事项

(1) 在Notebook用户区输入完Mathematica命令后，还要按下Shift+Enter组合键，Mathematica才能执行输入的命令，否则Mathematica不执行命令。

(2) 在Notebook用户区如果某个命令一行输入不下，可以按下Enter键来换行，Mathematica对Enter键的反应是继续接受新的输入，直至按下Shift+Enter组合键才执行命令。

(3) 在Notebook用户区除了可以直接用键盘输入外，还可以从磁盘中调入一个已经存在的具有扩展名为.ma的文件来进行操作。

(4) 每次输入完Mathematica命令并按下Shift+Enter组合键，通常系统会在输入内容的前面自动加入符号In[n]=：以表出此次输入是第n次输入，这里的In代表输入，方括号中的n是一个正整数，代表第几次输入，如In[5]=：以表出此次输入是第5次输入。同理，输出内容用符号Out[n]= 以表出此次输出是第几次输出，这里的Out代表输出。一般地，每输入一个命令并按下Shift+Enter组合键，计算机就会显示此次输入的执行结果。如果用户不想计算机显示此次输入的执行结果，只要在所输入命令的后面再加上一个分号“;”即可以达到目的。如：

In[1]:=x=2+3　　Out[1]=5

In[2]:=x=2+3;　不显示结果 5

二、Mathematica 的数据类型和数学常数

数据是数学最基本的内容，数据是有类型的。Mathematica 提供的简单数据类型有整数、有理数、实数和复数 4 种类型，这些数据在 Mathematica 中有如下的要求。

(1) 整数描述为 Integer，是可以具有任意长度的精确数。书写方法同于我们通常的表示，输入时，构成整数的各数字之间不能有空格、逗号和其他符号，整数的正负号写在该数的首位，正号可以不输入。如 2367189、−932 是正确的整数。

(2) 有理数描述为 Rational，用化简过的分数表示，但其中分子和分母都应该是整数，有理数是精确数，输入时分号用“ / ”代替，即使用“分子 /分母”的形式。如 23/45、−41/345 是正确的有理数。

(3) 实数描述为 Real，是除了整数和有理数之外的所有实数，如数学中的无理数就是实数。最简单的实数是带小数点的数，如−0.2356，134.56 是正确的实数。与一般高级语言不同的是，这里数学中的无理数是可以有任意精确度的近似数，如圆周率π，在 Mathematica 中它可以根据需要取任意位有效数字。

(4) 复数描述为 Complex，用是否含有虚数单位 I 来区分，它的实部和虚部可以是整数、有理数和实数。如 3+4.3I、18.5I 都是正确的复数。

为了方便数学处理和计算更准确，Mathematica 定义了一些数学常数，它们用英文字符串表示，常用的有如下几个。

Pi	表示圆周率π=3.14159…
E	表示自然数 e =2.71828…
Degree	表示几何的角度 1°或π/180
I	表示虚数单位
Infinity	表示数学中的无穷大 ∞

数学常数是精确数，可以直接用于输入的公式中，作为精确数参与计算和公式推导。

1. Mathematica 数的运算符

数的运算有加(+)、减(−)、乘(×)、除(÷)和乘方(^)，它们在 Mathematica 中的符号为加(+)、减(−)、乘(*)、除(/)和乘方(^)，即乘除符号不同，加、减和乘方的符号一样。

2. Mathematica 中的精确数与近似数

Mathematica 的近似数是带有小数点的数；精确数是整数、有理数、数学常数以及函数

在自变量取整数、有理数、数学常数时的函数值。如 62243、2/3、E、Sin[4]都是精确数。如果参与运算或求值的数都是没有小数点数，则 Mathematica 将用精确数方式输出计算结果，该结果为整数、有理数、数学常数表达式或由它们作为函数自变量取值点的函数表示式；如果参与运算或求值的数带有小数点，则运算结果通常为带有 6 位有效数字的近似数，如：

In[3]：= 1.2345678020/30	Out[3]=0.0411523	结果为近似数
In[4]：= 2+Sin[1.0]	Out[4]= 2.84147	结果为近似数
In[5]：= 2+Sin[1]	Out[5]= 2 + Sin[1]	结果为精确数

如果需要精确数的数值结果（除了整数之外），可以用 Mathematica 提供的 N 函数将其转化，N 函数可以得到该精确数的任意精度的近似结果，其形式有以下两个。

形式	功能
N[精确数 x]或 精确数 x//N	将精确数 x 转化成近似实数
N[精确数 x，正整数 n]	将精确数 x 转化成具有 n 位有效数字的近似实数

例如：

```
In[6]：= 2* E+Sin[ Pi/5 ] // N
Out[6]= 6.02345
In[7]：= N[ 2* E+Sin[Pi/5] ，30 ]
Out[7]= 6.024348909210563599889280897 34
```

三、Mathematica 中的变量

变量是在命令或程序执行中其值可以发生变化的量，它的值的变化是利用计算机随机存储器存储特点（即存储的信息在计算机运行程序时可以保留、存取和刷新）实现的。运行某一程序后，计算机会根据表示变量的代码在内存中开辟一块空间储存该变量，该变量值的变化或存取就在这块空间进行。变量还可以方便计算和保存中间的计算结果。在任何计算机语言程序中，变量作用是非常重要的。

1. Mathematica 的变量命名

计算机是通过变量的名字找到该变量在内存中位置的。Mathematica 的变量名规定为任何小写英文字母或以小写英文字母开头后跟若干字母或数字表示的字符串，如 x，y，ae3，d3er45 都是合法的变量名。当然，可以把 Mathematica 的变量名的小写字母换成大写英文字母来标识变量，但这会引起与 Mathematica 中的数学常数和内部函数或命令的混淆，因此，一般 Mathematica 的变量名不用大写字母。如果在某些情况下一定要用大写字母，应该注意不要与 Mathematica 中的数学常数和内部函数或命令混淆。Mathematica 中的变量名是区分大小写字母的，如在 Mathematica 中，ab 与 Ab 表示两个不同的变量。

变量名中的字符之间不能有空格，因为变量名中的空格在 Mathematica 中被理解为变量的乘积。如 abcd 与 ab cd 有不同的含义，前者表示一个变量 abcd，而后者 Mathematica 会将其看成两个变量 ab 和 cd 的乘积关系，此时非常容易引起问题，应该特别注意。

变量名不能用以数字开头的字符串来表示，如果在 Mathematica 里出现了这种字符串，Mathematica 将其理解为数字与变量的乘积。例如，以数字开头的字符串 3asd，在 Mathematica 中表示 3 乘以变量 asd，即 3asd 表示 3* asd。

2. Mathematica 中的变量取值与清除

如果一个变量在程序运行中没有被存储内容，此时该变量名只是一般的数学符号参与程序的处理。如果变量被存储了内容，称为变量取值。变量取值之后，该变量就用存入的内容参与程序的处理。在 Mathematica 中，变量获取值的方式有三种：变量赋值、键盘输入和变量替换。

3. 变量赋值方式

变量赋值方式是变量取值的最常用的方式。Mathematica 中变量赋值的一般形式为

变量＝表达式

这里"＝"称为赋值号，表达式是广义的表达式，即它可以是数值和通常意义的数学表达式，还可以是一个方程或图形等。遇到赋值语句后，计算机先计算赋值号右边的表达式，再将计算结果存储在赋值号左边的变量中。例如：

In[20]：= x = 2+2　　　　变量 x 存放了计算结果 4

Out[20]= 4

In[21]：= x*x - x + 1　　　　这里 x 已经有值 4，计算机自动用 4 代替 x 参与计算

Out[21]= 13

四、Mathematica 中的函数

Mathematica 有很丰富的内部函数，它们是 Mathematica 系统自带的函数，函数名一般使用数学中的英文单词，只要输入相应的函数名，就可以方便地使用这些函数。内部函数既有数学中常用的函数，又有工程中用的特殊函数。如果用户想自己定义一个函数，Mathematica 也提供了这种功能。Mathematica 中的函数自变量应该用方括号[ ]括起，不能用圆括号( )括起，即一个数学中的函数 $f(x,y,\cdots)$应该写为 $f[x, y,\cdots]$才行。

1. Mathematica 中的内部函数

Mathematica 的内部函数名字大部分是其英文单词的全名，如 Random，Conjugate 等。数学函数的名字基本与数学教科书的名字相同，如果函数的定义中有下标，则将下标写在函数方括号中的自变量之前，如函数 $J_n(x)$的 Mathematica 表示为 $J[n, x]$；如果函数的定义中既有下标也有上标，则将下标和上标都写在函数方括号中的自变量之前，且下标在前上标

在后，如函数 $J_n^m(x)$ 的 Mathematica 表示为 $J[n, m, x]$。Mathematica 内部函数的名字第一个字母一定要大写，其后的字母一般是小写的，不过如果该名字有几个含义，则函数名字中体现每个含义的第一个字母也要大写，如反正切函数 $\arctan x$ 中含有反“arc”和正切“tan”两个含义，故它的 Mathematica 函数表示为 ArcTan[x]。下面列举一些常用的 Mathematica 内部函数。

Mathematica 函数形式	**数学含义**
Abs[x]	表示 x 的绝对值 $\|x\|$
Round[x]	表示最接近 x 的整数
Floor[x]	表示不大于 x 的最大整数
Ceiling[x]	表示不小于 x 的最大整数
Sign[x]	表示 x 的符号函数 $\mathrm{sgn}(x)$
Sqrt[x]	表示 x 的平方根函数
Exp[x]	表示以自然数为底的指数函数 e^x
Log[x]	表示以自然数为底的对数函数 $\ln x$
Log[a,x]	表示以数 a 为底的对数函数 $\log_a x$
Sin[x], Cos[x]	表示正弦函数 $\sin x$，余弦函数 $\cos x$
Tan[x], Cot[x]	表示正切函数 $\tan x$ ，余切函数 $\cot x$
ArcSin[x], ArcCos[x]	表示反正弦函数 $\arcsin x$，反余弦函数 $\arccos x$
ArcTan[x], ArcCot[x]	表示反正切函数 $\arctan x$，反余切函数 $\mathrm{arccot}\, x$
Max[$x_1,x_2,\cdots,x_n$]	表示取出实数 $x_1,x_2,\cdots,x_n$ 的最大值
Max[s]	表示取出表 s 中所有数的最大值
Min[$x_1,x_2,\cdots,x_n$]	表示取出实数 $x_1,x_2,\cdots,x_n$ 的最小值
Min[s]	表示取出表 s 中所有数的最小值
Mod[m,n]	表示整数 m 除以整数 n 的余数
Quotient[m,n]	表示整数 m 除以整数 n 的整数部分
GCD[$m_1,m_2,\cdots,m_n$]	表示取出整数 $m_1,m_2,\cdots,m_n$ 的最大公约数
GCD [s]	表示取出表 s 中所有数的最大公约数
LCM[$m_1,m_2,\cdots,m_n$]	表示取出整数 $m_1,m_2,\cdots,m_n$ 的最小公倍数
LCM[s]	表示取出表 s 中所有数的最小公倍数
$n!$	表示阶乘 $n(n-1)(n-2)\cdots 1$
$n!!$	表示双阶乘 $n(n-2)(n-4)\cdots$
Binomial[n, m]	表示二项式系数 C_n^m
Re[z]	取复数 z 的实部

Im[z]	取复数 z 的虚部
Conjugate[z]	取复数 z 的共轭复数

下面是一些例子。

In[31]:=Max[9,5,-4,3.1]	Out[31]=9
In[32]:=Min[9,5,-4,3.1]	Out[32]= -4
In[33]:=Max[{2,5,-4,{-3.1,8},3]	Out[33]=8
In[34]:=Mod[26,3]	Out[34=2
In[35]:=Quotient[26,3]	Out[35]=8
In[36]=8!	Out[36]= 40320 (*8! =8×7×6×5×4×3×2×1
In[37]=8!!	Out[37]= 384 (*8!! =8×6×4×2
In[38]=Re[3+4I]	Out[38]=3

2. Mathematica 中的自定义函数

如果用户要多次处理的函数不是 Mathematica 内部函数，则可以利用 Mathematica 提供的自定义函数的功能在 Mathematica 中定义一个函数。自定义一个函数后，该函数可以像 Mathematica 内部函数一样在 Mathematica 中使用。

Mathematica 自定义函数的一般命令为

函数名[自变量名 1_,自变量名 2_ ,…]:= 表达式

这里函数名与变量名的规定相同，方括号中的每个自变量名后都要有一个下画线"_"，中部的定义号":="的两个符号是一个整体，中间不能有空格。

常用的自定义函数命令有以下两个。

(1) 定义一个一元函数。

函数名[自变量名_]:= 表达式

例如，定义一个函数 $y=a\sin x+x^5$，a 是参数，命令为

In[44]: = y[x_]:= a* Sin[x]+x^5

(2) 定义一个二元函数。

函数名[自变量名 1_,自变量名 2_]:= 表达式

例如，定义一个函数 $z_1=\tan(x/y)-ye^{5x}$，命令为

In[45]: = z1[x_ ,y_]:=Tan[x/y]+y * Exp[5x]

3. Mathematica 中的函数求值

表示函数在某一点的函数值有两种方式，一种是数学方式，即直接在函数中把自变量用一个值或式子代替，如 Sin[2.3],Sqrt[a+1],z1[3,5]等；另一种为变量替换的方式：

函数 /. 变量名 ->数值或表达式

或

函数 /.{变量名 1 ->数值 1 或表达式 1,变量名 2 ->数值 2 或表达式 2,…}

这里符号“/.”和“->”与变量取值中的变量替换方式意义相同。函数变量替换的执行过程为计算机将函数中的变量 1,变量 2,…分别替换为对应的数值 1 或表达式 1,数值 2 或表达式 2,… 以得到函数在此点的函数值。例如：

In[46]：= fn[x_]：=x * Cos[x]+Sqrt[x]

In[47]：= fn[2]　　Out[47]：= Sqrt[2] + 2 Cos[2]

In[48]：= fn[x] /. x->8　　Out[48] = 2 Sqrt[2] + 8 Cos[8]

In[49]：= fn[x] /. x->a+1　　Out[49] = Sqrt[1 + a] + (1 + a) Cos[1 + a]

In[50]：= fn[x_,y_]：=x^3+y^2

In[51]：= fn[2,a]　　Out[51]：= 8 + a^2

In[52]：= fn[x,y]/. {x-> a,y->b+2}　Out[52]= a^3 + (2 + b)^2

注：如果某一变量已经被赋值,则此变量可以直接写入函数的自变量位置,此时函数用该变量的所赋的值进行函数的取值。如：

In[53]：= gn[x_]：=x * Tan[x]+2x

In[54]：= x=3 ; gn[x]　　Out[54]：= 3 * Tan[3]+6

In[55]：= x=t+1 ;gn[x]　　Out[54]：=2(t+1) + (t+1) * Tan[t+1]

五、Mathematica 中的表达式

表达式通常是由算术运算符、关系运算符、逻辑运算符连接常数、变量、函数、表等构成的一个式子。为了反映运算的优先顺序或不同对象,表达式中可以加入圆括号“()”。不过,在 Mathematica 中有一切都是表达式的说法,即 Mathematica 的表达式概念很广,不但包含通常意义的表达式含义,而且还包含 Mathematica 的所有命令等。数学中常用的表达式有算术表达式、关系表达式和逻辑表达式。

1. Mathematica 中的算术表达式

算术表达式就是通常的数学式子。在 Mathematica 中,算术表达式是由算术运算符(加(+)、减(-)、乘(*)、除(/)和乘方(^))连接常数、变量、函数构成的一个式子。特别地,单个常数、变量、函数是最简单的算术表达式,如 57、Sqrt[x]、2+3.2、3 * x-Exp[y]、(Sin[Pi/3]^4-1) * x+1、(a+1)/(3-a)-(b-1)/a 等都是算术表达式。由于符号%、%%、%n 在 Mathematica 中分别表示最后一次、次后一次和第 n 次的输出结果,因此这些符号也可以作为参与运算的量出现在算术表达式中,如 5%+%%^3-%4 也是算术表达式。

算术表达式的运算顺序与数学习惯相同,即括号优先、同级运算遵守从左到右的先后顺序运算、算符运算顺序的优先级按(由高到低)：

函数计算→乘幂→乘除→加减

2. Mathematica 中的关系表达式

关系表达式也称为算术关系表达式，常用来比较两个算术表达式值的大小。通常用关系表达式来表示一个判别条件。在 Mathematica 中，关系表达式是由关系运算符连接两个算术表达式构成的一个式子。关系表达式的一般形式为

＜算术表达式＞＜关系运算符＞＜算术表达式＞

Mathematica 的关系运算符有六种，它们的表示和含义如下。

关系运算符	含义	对应的数学符号	例子
＝＝	相等关系	＝	如 x＋3＝0 应该写为 x＋3＝＝0
！＝	不等关系	≠	如 x＋3 ≠0 应该写为 x＋3！＝0
＞	大于关系，	＞	如 x＞4 应该写为 x＞4
＞＝	大于等于关系	⩾	如 x⩾4 应该写为 x＞＝ 4
＜	小于关系，	＜	如 x＜4 应该写为 x＜4
＜＝	小于等于关系	⩽	如 x⩽4 应该写为 x＜＝4

注：(1) 由两个符号构成的关系运算符 ＝＝、！＝、＞＝、＜＝中间不能有空格或其他符号。

(2) 关系表达式的计算顺序为：先分别计算两个算术表达式的值，再比较它们的值。

(3) 关系表达式的计算结果是三个逻辑值 True（真）、False（假）和非真非假，取值的规则为：当关系表达式成立时，取值为 True；当关系表达式不成立时，取值为 False。当关系表达式不能确定时，将关系表达式原样输出，表示取值为非真非假。

(4) 关系表达式中关系运算符的计算优先级别低于算术运算符。

六、Mathematica 中的专用符号

正如其他的应用环境有其专用的符号一样，Mathematica 中也定义了许多专用符号。在每个应用环境中，熟悉其专用符号才能更好地运用此工具，在 Mathematica 中也是如此。下面是 Mathematica 中的一些专用符号。

符号	意义
%	倒数第一次输出的内容
%%	倒数第二次输出的内容
%*n*	第 *n* 次输出内容，对应 Out[*n*]的输出式子
?	显示该命令的简单使用方法
??	显示该命令的详细使用方法
;	运算分号前面的表达式，但不显示计算结果

->　　箭头右面的内容替换箭头左边的内容

例 1　求 2 的平方根(默认精度)、求 10 位精度、最后检验在计算过程中是否存在较大的误差。

解:

```
In[1]:=Sqrt[2]          Out[1]:=Sqrt[2]
In[2]:=N[%]             Out[2]:=1.41421
In[3]:=N[ %% ,10]       Out[3]:=1.414213562
In[4]:=(%1)^2           Out[4]:=2
In[5]:=(%2)^2           Out[5]:=2
```

输出　Out[4]:=2 和 Out[5]:=2 说明本题计算不存在较大误差。

注:在 Mathematica 中%*n* 被看作一个整体,所以是否使用小括号不影响结果,但为了清楚起见,最好使用小括号。

七、Mathematica 中的括号

Mathematica 中常用的括号有四种,分别为( )、[ ] 、{ }、[[ ]],它们各有专门的用途,不能任意使用。

1. 方括号[ ]

Mathematica 中的内部函数以及用户自定义函数的自变量和参数,只能由方括号 [ ] 括起来。Mathematica 中的函数是非常多的,它不仅包括数学中所定义的函数,也包括许多 Mathematica 所特有的函数。通常数学中的函数的自变量都用圆括号,而 Mathematica 使用方括号,这一点要特别注意。

例如,观察下面的函数值计算中,把方括号改为圆括号后会出现什么情况。

```
In[15]:=Sin[Pi/2]                Out[15]=  1          (* 正确计算
In[16]:=Sin(Pi/2)
    Syntax::bktwrn:
    Warning: "Sin(Pi/2)" should probably be "Sin[Pi/2]".   (* 显示出错原因
```

2. 花括号{ }

花括号表示一个表(list),它一般用作范围、界限、集合等之中。花括号可以用来表达数学中的向量和矩阵。如果把花括号作多层套用的话,就可以表示出以表为元素的表,事实上这就是矩阵。

例如,用花括号表示出一个向量和一个矩阵。

```
In[17]:= a={1,3,5,7,9,11}                (* 定义向量 a
Out[17]= {1,3,5,7,9,11}
```

In[18]:=m={{1,2,3},{4,5,6},{7,8,9}};　　　(* 定义矩阵 *m*

In[19]:=MatrixForm[m]　　　(* 显示矩阵形式

Out[19]//MatrixForm=

1　2　3

4　5　6

7　8　9

3. 双方括号[[ ]]

双方括号只用于表示表 a 的元素。

例如，取出上例矩阵 ***m*** 的第 2 行第 3 列的元素。

In[20]:=m[[2]][[3]],)　　　Out[20]= 6

4. 圆括号( )

圆括号主要用于改变表达式的优先运算顺序。用圆括号还可以把 n 个表达式定义为一个表达式，然后就可以对这 n 个表达式做批处理。

例如：In[21]:= com=(x=3;y=2;z=x^y)　(* 计算一组表达式 x=3;y=2;z=x^y

Out[21]= 9

In[22]:= com^x　　　(* 9^3

Out[22]= 729

八、用 Mathematica 解决高等数学问题的应用举例

例 2　写出分段函数

$$f(x)=\begin{cases}x+\sin x, & x<1,\\ x\cos x, & x\leqslant 1\end{cases}$$

的 Mathematica 自定义函数形式，并画出其在[-3,3]上的图形。

解　Mathematica 关于输入函数和作图的命令为

In[3]:= f[x_]:=If[x<1,x+Sin[x],x * Cos[x]]

(或 f[x_]:=If[x<1,x+Sin[x],x * Cos[x],"err"])

In[4]:= Plot[f[x],{x,-3,3}]

例 3　画出函数 $y=\sin x^2$　在 $-5\leqslant x\leqslant 5$　的图形。

解　Mathematica 命令为

In[1]:= Plot[Sin[x^2] ,{x,-5,5}]

Out[1]= -Graphics-

例 4　在同一坐标系中画出三个函数 $y=\cos 2x$，$y=x^2$，$y=x$ 的图形，并给坐标横轴和纵轴分别标记为 x 和 y，自变量范围为 $-2\leqslant x\leqslant 2$ 。

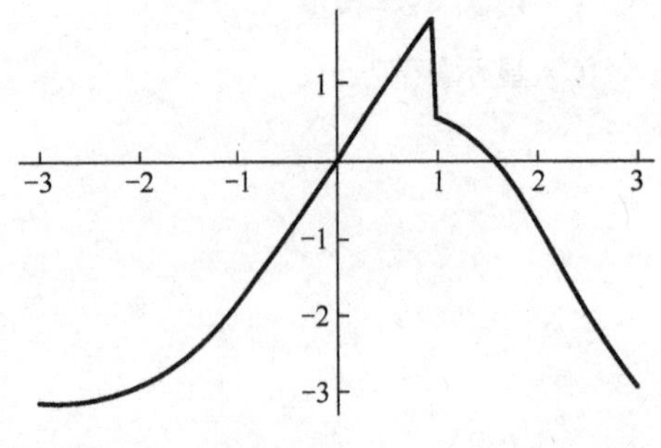

附图 1-4

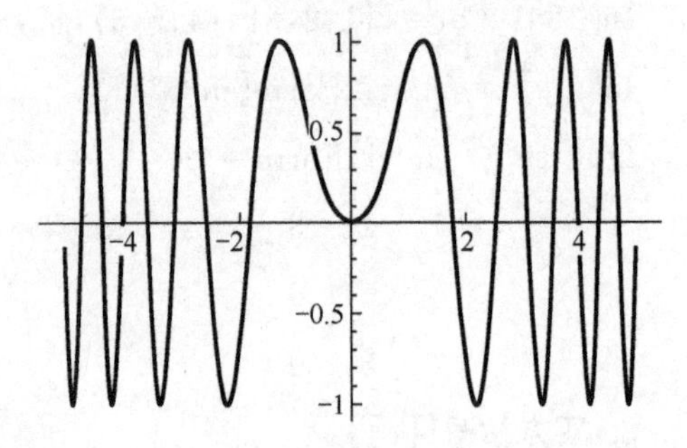

附图 1-5

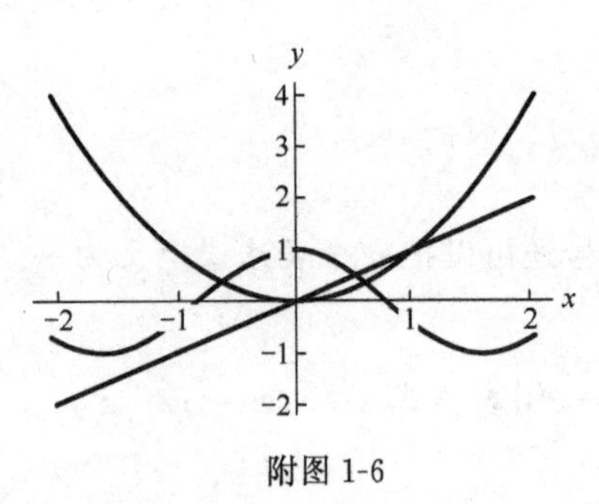

附图 1-6

解 Mathematica 命令为

In[3]：＝ Plot[{Cos[2x], x^2, x}, {x, －2, 2}, AxesLabel－>{"x" ,"y"}]

例 5 求极限 $\lim\limits_{x\to 1}\left(\dfrac{1}{x\ \ln^2 x}-\dfrac{1}{(x-1)^2}\right)$。

解 Mathematica 命令为

In[1]：＝Limit[1/(x Log[x]^2)－1/(x－1)^2,x－>1]

Out[1]＝$\dfrac{1}{12}$

例 6 求极限 $\lim\limits_{n\to\infty}\left(1+\dfrac{1}{n}\right)^n$。

解 Mathematica 命令为

In[2]：＝Limit[(1＋1/n)^n,n－>Infinity]

Out[2]＝E

例 7 求参数方程 $\begin{cases} x=t(1-\sin t) \\ y=t\cos t \end{cases}$ 的一阶导数。

解 Mathematica 命令为

In[8]：＝x＝t＊(1－Sin[t])；y＝t＊Cos[t]； s＝D[y,t]； r＝D[x,t]； Simplify[s/r]

Cos[t] － t Sin[t]

Out[8]＝ 1 － t Cos[t] － Sin[t]

或

In[9]：＝ pD[x_,y_,t_]：＝Module[{s＝D[y,t],r＝D[x,t]},Simplify[s/r]]

In[10]：＝pD[t＊(1－Sin[t]),t＊Cos[t],t]

Cos[t] － t Sin[t]

Out[10]＝ 1 － t Cos[t] － Sin[t]

例 8 计算 $\int \frac{1}{\sin^2 x \cos^2 x} dx$。

解 Mathematica 命令为

```
In[23]:=Integrate[1/(Sin[x]^2 Cos[x]^2),x]
Out[23]=-(Cos[2 x]Csc[x] Sec[x])
```

例 9 计算定积分 $\int_0^1 e^{x^2} dx$。

解 本题用定积分基本公式是积不出来的,用下面命令可以计算出结果。

Mathematica 命令为

```
In[27]:=NIntegrate[Exp[x^2],{x,0,1}]
Out[27]= 1.46265
```

附录 2　数学建模简介

一、数学模型和数学建模概念

什么是数学模型？什么是数学建模？

简单地说，数学模型是针对现实世界的某一特定对象，为了一个特定的目的，根据特有的内在规律，进行必要的简化和假设，运用适当的数学工具，采用形式化语言，概括或近似地表述出来的一种数学结构。它或者能解释特定对象的现实状态，或者能预测对象的未来状态，或者能提供处理对象的最优决策或控制。

数学建模就是根据具体问题找出解决这个问题的数学模型，然后得出模型的解，最后对模型解进行验证的全过程。数学建模是一种数学的思考方法，是运用数学的语言和方法，通过抽象、简化建立能近似刻画并“解决”实际问题的一种强有力的数学手段。

数学建模竞赛与通常的数学竞赛不同，它来自实际问题或有明确的实际背景。它的宗旨是培养大学生用数学方法解决实际问题的意识和能力，整个赛事是完成一篇包括问题的阐述分析，模型的假设和建立，计算结果及讨论的论文。

二、数学建模方法

1. 机理分析法

机理分析法是从基本物理定律以及系统的结构数据来推导出模型。

(1) 比例分析法——建立变量之间函数关系的最基本最常用的方法。

(2) 代数方法——求解离散问题(离散的数据、符号、图形)的主要方法。

(3) 逻辑方法——数学理论研究的重要方法，对社会学和经济学等领域的实际问题，在决策、对策等学科中得到广泛应用。

2. 数据分析法

数据分析法是从大量的观测数据中利用统计方法建立数学模型。

(1)回归分析法——用函数 $f(x)$ 的一组观测值 (x_i, y_i)，$i=1,2,\cdots,n$，确定函数的表达式，由于处理的是静态的独立数据，故称为数理统计方法。

(2)时序分析法——处理的是动态的相关数据，又称为过程统计方法。

3. 仿真和其他方法

(1)计算机仿真(模拟)——实质上是统计估计方法，等效于抽样试验。

(2)因子试验法——在系统上作局部试验，再根据试验结果进行不断分析修改，求得所需的模型结构。

(3)人工现实法——基于对系统过去行为的了解和对未来希望达到的目标,并考虑到系统有关因素的可能变化,人为地组成一个系统。

三、数学模型的建立过程

建立一个实际问题的数学模型,需要一定的洞察力和想象力,进行筛选,抛弃次要因素,突出主要因素,进行适当的抽象和简化。全过程一般分为提出问题、建立模型、模型求解与结果分析几个阶段,并且通过这些阶段完成从实际问题到数学模型,再从数学模型到实际问题的循环,如附图 2-1 所示。

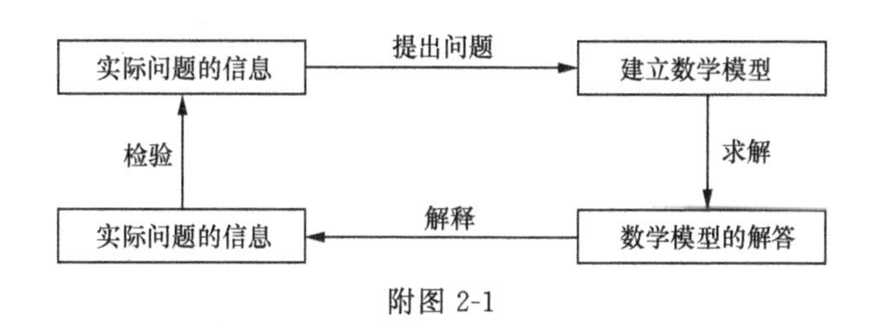

附图 2-1

四、函数模型的建立

研究数学模型,建立数学模型,对提高解决实际问题的能力和提高各方面的素质都是十分重要的。建立函数模型的步骤如下。

(1) 分析问题中哪些是变量,哪些是常量,分别用字母表示;

(2) 根据所给条件,运用数学、物理、经济及其他知识,确定等量关系;

(3) 具体写出解析式 $y=f(x)$,并指明其定义域。

例 1 有一块边长为 a 的正方形铁皮,将它的四角剪去面积相等的四个小正方形,如附图 2-2 所示,制成一个没有盖的容器,试求此容器的容积 V 和剪去的小正方形边长 x 的函数模型。

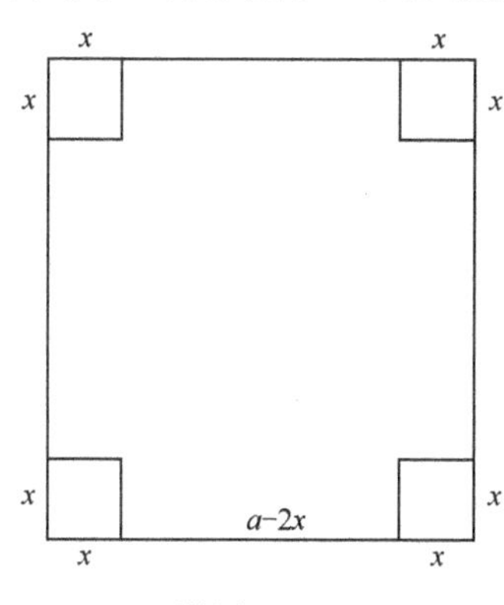

附图 2-2

解 由几何知,此容器的容积取决于底面的边长和容器的高. 剪去的小正方形边长为 x,则底面还是正方形且边长为 $(a-2x)$,容器底面面积为 $(a-2x)^2$,容器的高为 x。因此,容器的容积的函数关系为

$$V=x(a-2x)^2,\ x\in\left(0,\frac{a}{2}\right)。$$

例 2 在机械中,曲柄连杆系统如附图 2-3 所示,半径为 r 的主动轮以恒等角速度 ω 转动,长为 l 的连杆 AB 带动滑块 B

在槽内做水平往返运动．运动从 $\theta=0$ 开始，求滑块 B 的运动规律的函数模型。

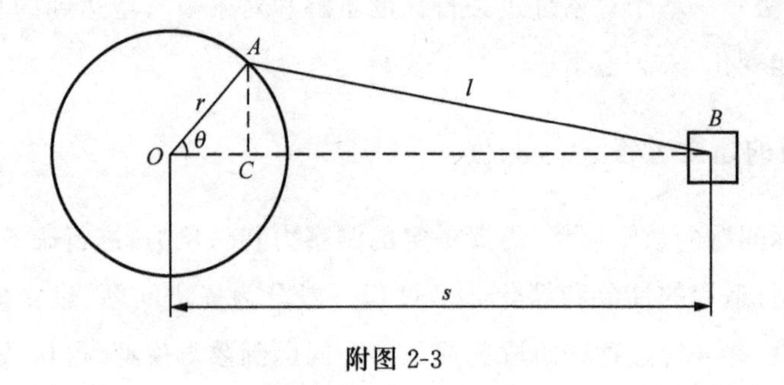

附图 2-3

解 由已知，r，ω 和 l 都是常量。滑块 B 的运动规律表现为 B 到圆心 O 的距离 s，且 s 是时间 t 的函数，$\theta=\omega t$。任一时间 t，有

$$OC=r\cos\theta=r\cos\omega t, AC=r\sin\theta=r\sin\omega t,$$

$$CB=\sqrt{l^2-AC^2}=\sqrt{l^2-r^2\sin^2\omega t},$$

所以 $$s=OC+CB=r\cos\omega t+\sqrt{l^2-r^2\sin\omega t}, (0\leqslant t\leqslant+\infty)。$$

附录 3　常用初等数学公式

一、乘法与因式分解公式

$(a \pm b)^2 = a^2 \pm 2ab + b^2$

$(a \pm b)^3 = a^3 \pm 3a^2b + 3ab^2 \pm b^3$

$a^2 - b^2 = (a+b)(a-b)$

$a^3 \pm b^3 = (a \pm b)(a^2 \mp ab + b^2)$

$a^n - b^n = (a-b)(a^{n-1} + a^{n-2}b + a^{n-3}b^2 + \cdots + ab^{n-2} + b^{n-1})$（$n$ 为正整数）

二、指数公式

$a^{-n} = \dfrac{1}{a^n}$（$a \neq 0$）

$a^0 = 1$（$a \neq 0$）

$a^{\frac{m}{n}} = \sqrt[n]{a^m}$（$a \geqslant 0$）

$a^{-\frac{m}{n}} = \dfrac{1}{\sqrt[n]{a^m}}$（$a \geqslant 0$）（$m$、$n$ 均为正整数）

$(ab)^x = a^x \cdot b^x$

$\left(\dfrac{a}{b}\right)^x = \dfrac{a^x}{b^x}$（$a > 0, b > 0, x$ 为任意实数）

三、对数公式

1. 定义式

$a^b = N \Leftrightarrow \log_a N = b$

2. 性质

$a^{\log_a N} = N$　　$e^{\ln N} = N$　　$\log_a a^x = x$

$\log_a 1 = 0$　　$\log_a a = 1$

3. 运算法则

$\log_a(MN) = \log_a M + \log_a N$

$\log_a \dfrac{M}{N} = \log_a M - \log_a N$

$\log_a N^x = x \log_a N$

4. 换底公式

$\log_a N = \dfrac{\log_b N}{\log_b a}$

四、数列公式

1. 等差数列

通项公式 $a_n = a_1 + (n-1)d$

前 n 项的和 $S_n = \frac{n}{2}(a_1 + a_n) = \frac{n}{2}[2a_1 + (n-1)d]$

2. 等比数列

通项公式 $a_n = a_1 q^{n-1}$

前 n 项的和 $S_n = \frac{a_1(1-q^n)}{1-q}$

3. 常见数列前 n 项的和

$$1 + 2 + 3 + \cdots + n = \frac{n(n+1)}{2}$$

$$1^2 + 2^2 + 3^2 + \cdots + n^2 = \frac{n(n+1)(2n+1)}{6}$$

$$1^3 + 2^3 + 3^3 + \cdots + n^3 = \left[\frac{n(n+1)}{2}\right]^2$$

$$\frac{1}{1\times 2} + \frac{1}{2\times 3} + \frac{1}{3\times 4} + \cdots + \frac{1}{n\times(n+1)} = \frac{n}{n+1}$$

五、排列组合

排列 $A_m^n = m(m-1)(m-2)\cdots(m-n+1) = \frac{m!}{(m-n)!}$

组合 $C_m^n = \frac{A_m^n}{A_n} = \frac{m(m-1)(m-2)\cdots(m-n+1)}{1\times 2\times 3\times\cdots\times n} = \frac{m!}{(m-n)!\ n!}$

组合的性质 $C_m^n = C_m^{m-n}$ $C_{m+1}^n = C_m^{n-1} + C_m^n$

二项式定理 $(x+a)^n = x^n + C_n^1 a x^{n-1} + C_n^2 a^2 x^{n-2} + \cdots + C_n^k a^k x^{n-k} + \cdots + a^n$

六、三角公式

1. 同角三角函数八个关系式

$\cot x = \frac{1}{\tan x}$ $\sec x = \frac{1}{\cos x}$

$\csc x = \frac{1}{\sin x}$ $\tan x = \frac{\sin x}{\cos x}$

$\cot x = \frac{\cos x}{\sin x}$ $\sin^2 x + \cos^2 x = 1$

$1 + \tan^2 x = \sec^2 x$ $1 + \cot^2 x = \csc^2 x$

2. 两角和差的三角函数

$\sin(\alpha \pm \beta) = \sin\alpha\cos\beta \pm \cos\alpha\sin\beta$

$\cos(\alpha \pm \beta) = \cos\alpha\cos\beta \mp \sin\alpha\sin\beta$

$\tan(\alpha \pm \beta) = \dfrac{\tan\alpha \pm \tan\beta}{1 \mp \tan\alpha\tan\beta}$

3. 倍角公式

$\sin 2x = 2\sin x\cos x$

$\cos 2x = \cos^2 x - \sin^2 x = 2\cos^2 x - 1 = 1 - 2\sin^2 x$

$\tan 2x = \dfrac{2\tan x}{1 - \tan^2 x}$

$\sin^2 x = \dfrac{1 - \cos 2x}{2}$

$\cos^2 x = \dfrac{1 + \cos 2x}{2}$

4. 和差化积与积化和差公式

$\sin\alpha + \sin\beta = 2\sin\dfrac{\alpha+\beta}{2}\cos\dfrac{\alpha-\beta}{2}$

$\sin\alpha - \sin\beta = 2\cos\dfrac{\alpha+\beta}{2}\sin\dfrac{\alpha-\beta}{2}$

$\cos\alpha + \cos\beta = 2\cos\dfrac{\alpha+\beta}{2}\cos\dfrac{\alpha-\beta}{2}$

$\cos\alpha - \cos\beta = -2\sin\dfrac{\alpha+\beta}{2}\sin\dfrac{\alpha-\beta}{2}$

$\sin\alpha\cos\beta = \dfrac{1}{2}[\sin(\alpha+\beta) + \sin(\alpha-\beta)]$

$\cos\alpha\cos\beta = \dfrac{1}{2}[\cos(\alpha+\beta) + \cos(\alpha-\beta)]$

$\sin\alpha\sin\beta = -\dfrac{1}{2}[\cos(\alpha+\beta) - \cos(\alpha-\beta)]$

七、三角形的基本关系

1. 正弦定理

$$\frac{a}{\sin A} = \frac{b}{\sin B} = \frac{c}{\sin C} = 2R\text{（}R\text{ 为外接圆半径）}$$

2. 余弦定理

$$a^2 = b^2 + c^2 - 2bc\cos A$$

$$b^2 = c^2 + a^2 - 2ca\cos B$$

$$c^2 = a^2 + b^2 - 2ab\cos C$$

3. 面积公式

(1) $S=\frac{1}{2}ah_a=\frac{1}{2}ab\sin C$

(2) $S=\sqrt{p(p-a)(p-b)(p-c)}$ $\left(其中\ p=\frac{a+b+c}{2}\right)$

八、初等几何

1. 圆

圆周长 $C=2\pi r$,面积 $S=\pi r^2$

扇形面积 $S=\frac{1}{2}r^2\theta$,弧长 $l=r\theta$(θ 为圆心角,单位是弧度)

2. 正圆锥

体积 $V=\frac{1}{3}\pi r^2 h$,侧面积 $S=\pi rl$

3. 正棱锥

体积 $V=\frac{1}{3}\times$底面积$\times$高,侧面积 $A=\frac{1}{2}\times$斜高$\times$底周长

4. 圆台

体积 $V=\frac{1}{3}\pi h(R^2+r^2+Rr)$,侧面积 $A=\pi l(R+r)$

5. 球

体积 $V=\frac{4}{3}\pi r^3$,侧面积 $S=4\pi r^2$

九、初等几何

1. 平面坐标系

点 A 、B 的坐标分别为 (x_1,y_1) 和 (x_2,y_2)

两点间距离公式 $|AB|=\sqrt{(x_2-x_1)^2+(y_2-y_1)^2}$

中点坐标公式(AB 的中点坐标为(x,y))

$$x=\frac{x_1+x_2}{2},\ y=\frac{y_1+y_2}{2}$$

直线 AB 的斜率 $k=\tan\alpha=\frac{y_2-y_1}{x_2-x_1}$ (α 为直线 AB 的倾斜角)

2. 直线的方程

一般式 $Ax+By+C=0$

点斜式 $y-y_1=k(x-x_1)$

斜截式 $y=kx+b$

截距式 $\frac{x}{a}+\frac{y}{b}=1$

两点式 $\frac{y-y_1}{y_2-y_1}=\frac{x-x_1}{x_2-x_1}$

3. 点 $M(x_0,y_0)$ 到直线 $Ax+By+C=0$ 的距离公式

$$d=\frac{|Ax_0+By_0+C|}{\sqrt{A^2+B^2}}$$

习题参考答案

习题 1.1

1. (1) $(-\infty,1]\cup[3,+\infty)$；　(2) $[-1,2]$；　(3) $(1,+\infty)$。

2. $f(0)=3, f(2)=3, f(-x)=x^2+2x+3, f\left(\frac{1}{x}\right)=\frac{1}{x^2}-\frac{2}{x}+3$。

3. $f(x)$ 的定义域 $(-\infty,+\infty)$，$f(-1)=1, f(2)=3$。

4. (1) $y=(1+\sqrt{x^3+2})^2$；　(2) $y=\sqrt{2+\sin^2 x}$。

5. (1) $y=\sqrt{u}, u=4x+3$；　(2) $y=\frac{1}{u}, u=2-3x$；　(3) $y=e^u, u=-3x$；

(4) $y=\ln u, u=\cos t, t=3x$；　(5) $y=\sin u, u=\frac{1}{t}, t=3x-1$；

(6) $y=\ln u, u=\ln t, t=5x+1$；　(7) $y=u^2, u=\sin t, t=2x^2+1$；

(8) $y=5^u, u=\ln t, t=\sin x$；　(9) $y=u^2, u=\cos v, v=\sin t, t=3x$。

6. $C(10)=100+\frac{10^2}{4}=125, \bar{C}(10)=12.5$。

7. 利润函数 $L(Q)=R(Q)-C(Q)=5Q-2000$，

$L(600)=1000$ 元，无盈亏产量 $Q=400$ 件。

8. (1) 成本函数 $C(Q)=60000+20Q$；

(2) 收益函数 $R(Q)=QP(Q)=60Q-\frac{Q^2}{1000}$；

(3) 利润函数 $L(Q)=R(Q)-C(Q)=-\frac{Q^2}{1000}+40Q-60000$。

习题 1.2

1. (1) $x_n\to 0$；　(2) $x_n\to 1$；　(3)极限不存在；　(4)极限不存在。

2. (1)0；　(2)7；　(3)0；　(4)0；　(5)0；　(6)极限不存在。

3. $x\to 1$ 时，极限存在。$x\to 2$ 时，极限不存在。

4. (1)无穷小量；　(2)无穷大量；　(3)无穷小量；　(4)无穷大量。

5. (1)0；　(2)0。

习题 1.3

1. (1)20；　(2)-6；　(3)$\frac{2}{3}$；　(4)$\frac{2}{7}$；

(5)$\frac{5}{6}$；　(6)$-\frac{1}{4}$；　(7)3；　(8)2。

2. $k=-3$。

3. (1)$\frac{3}{5}$；　(2)$\frac{2}{3}$；　(3)1；　(4) $e^{-\frac{5}{3}}$；　(5) e^{-2}；　(6)e^{2}。

习题 1.4

1. (1) $x=-1$；　(2) $x=3$；　(3) $x=0$。

2. $f(2+0)=2+2=4, f(2-0)=2^2=4=f(2)$，
函数在 $x=2$ 处连续。

3. $f(2+0)=5, f(2-0)=f(2)=1$，
函数在 $x=2$ 处不连续。

4. $a=2$ 时函数连续。

5. 证明略。

习题 2.1

1. $y'=4x, y=-4x-2, y=\frac{1}{4}x+\frac{9}{4}$。　2. $\left(\frac{\sqrt{2}}{2},\sqrt{2}\right)$或$\left(-\frac{\sqrt{2}}{2},-\sqrt{2}\right)$。　3. 证略。

习题 2.2

1. (1) $y'=18x^2+6x+\frac{4}{x^3}$；　(2) $y'=\frac{1}{2}x^{-\frac{1}{2}}+\frac{1}{2}x^{-\frac{3}{2}}$；

(3) $y'=x^{-\frac{2}{3}}+\frac{3}{4}x^{-\frac{5}{2}}$；　(4) $y'=3\cos x+\frac{2}{x}$；

(5) $y'=\sec x\tan x(\tan x+1)+\sec^3 x$；　(6) $y'=5x^4+5^x\ln 5$；

(7) $y'=-\frac{1}{1+\sin x}$；　(8) $y'=2x\sin x+x^2\cos x$；

(9) $y'=\left(\arccos x-\frac{x}{\sqrt{1-x^2}}\right)\ln x+\arccos x$；　(10) $y'=3x^2\ln x+x^2$；

(11) $y'=\frac{2+2x^2}{(1-x^2)^2}$；　(12) $y'=\sec x(1+x\tan x+\sec x)$；

(13) $y'=2e^x\sin x$；　(14) $y'=\frac{1-\ln x}{x^2}$；

(15) $y'=-\csc^2 x$；　(16) $y'=\frac{1}{1+\cos x}$；

(17) $y'=\frac{1-2\ln x}{x^3}-\frac{3}{2}x^{-\frac{5}{2}}$；　(18) $y'=\frac{1+\sin x+\cos x}{(1+\cos x)^2}$；

(19) $y'=(2x+3)(\cos x+1)-(x^2+3x)\sin x$；

(20) $y'=2e^x(\cos x-\sin x)$。

2. (1) 6，18；　(2) $-e^{\pi}$；　(3) $4(3\ln 2+1)$；

(4) $-\frac{1}{4}$；　(5) $\frac{5}{16}$；　(6) $n!$；

(7) $\frac{\pi^2+2\pi+12}{\pi}$，$\frac{2\pi^2+3}{\pi}$；　(8) $-\frac{4}{\pi^2}$，$-\frac{12}{\pi^2}$；　(9) 3，$4\ln 2+6$。

3. $(-1,0)$，$\left(\frac{1}{3},-\frac{32}{27}\right)$。　4. $\left(\frac{1}{2},-1\right)$。　5. $y=1$。

6. $y=\frac{1}{24}(x-8)$，$y=-24(x-8)$。

习题 2.3

1. (1) $y'=18(3x+5)^5$；　(2) $y'=2\sin(6-2x)$；

(3) $y'=-6xe^{-3x^2}$；　(4) $y'=\frac{1}{x\ln x\ln(\ln x)}$；

(5) $y'=\frac{x}{x^2+1+\sqrt{x^2+1}}$；　(6) $y'=\frac{2x}{1+(x^2+1)^2}$；

(7) $y'=5^{\arcsin x^2}\frac{2x\ln 5}{\sqrt{1-x^4}}$；　(8) $y'=-4\sin(2\sin 4x)\cos 4x$；

(9) $y'=\frac{3}{2\ln 3}\frac{\log_3^2 x}{x\sqrt{\log_3^3 x+1}}$；　(10) $y'=8x\tan(1+2x^2)\sec^2(1+2x^2)$。

2. (1) $y'=-\frac{4}{(e^x-e^{-x})^2}$；

(2) $y' = 2\tan x\ \sec^2 x \sin\dfrac{3}{x^2} - \dfrac{6}{x^3}\tan^2 x\cos\dfrac{3}{x^2}$；

(3) $y' = \arcsin 3x + \dfrac{3x}{\sqrt{1-9x^2}} + \dfrac{x}{\sqrt{4-x^2}}$；

(4) $y' = \dfrac{1}{\sec 4x}\left(\dfrac{1+6x^2}{3x+6x^3} - 4\ln\sqrt[3]{2x+4x^3}\tan 4x\right)$。

习题 2.4

1. (1) $y' = \dfrac{y^2-4xy}{2x^2-2xy+3y^2}$；　　(2) $y' = \dfrac{e^{x+y}-y}{x-e^{x+y}}$；

(3) $y' = \dfrac{-(1+xy)e^{xy}}{1+x^2e^{xy}}$；　　(4) $y' = -\dfrac{\sin(x+y)+y\cos x}{\sin(x+y)+\sin x}$。

2. $\left.\dfrac{dy}{dx}\right|_{\substack{x=2\\y=0}} = -\dfrac{1}{2}$。

3. 切线方程为 $y=\dfrac{e}{3}x+1$,法线方程为 $y=-\dfrac{3}{e}x+1$。

4. (1) $y' = x^{\sqrt{x}-\frac{1}{2}}\left(1+\dfrac{1}{2}\ln x\right)$；　　(2) $y' = (1+x)^x\left[\dfrac{x}{1+x}+\ln(1+x)\right]$；

(3) $y' = \dfrac{\sqrt{x+1}}{\sqrt[3]{2x-1}\,(x+3)^2}\left(\dfrac{1}{2(x+1)} - \dfrac{2}{3(2x-1)} - \dfrac{2}{x+3}\right)$；

(4) $y' = \dfrac{(x+1)^2(x-2)^3}{x(x-1)^4(x+3)}\left(\dfrac{2x+2}{x(x-2)} - \dfrac{2x+6}{x^2-1} - \dfrac{1}{x+3}\right)$。

习题 2.5

1. (1) $2\cos x - x\sin x$；　　(2) $2e^{-x}\sin x$；

(3) $\dfrac{6-2x^2}{(x^2+3)^2}$；　　(4) $25e^{5x-3}$；

(5) $12x+\dfrac{1}{x^2}$；　　(6) $\dfrac{1}{\sqrt{1+x^2}\,(1+x^2)}$。

2. (1) $(-2)^n e^{-2x}$；　　(2) $(n+x)e^x$；

(3) $y' = \ln x + 1, y^{(n)} = (-1)^n(n-2)!\dfrac{1}{x^{n-1}}\ (n\geqslant 2)$；

(4) $2^{n-1}\cos\left(2x+n\cdot\dfrac{\pi}{2}\right)$。

习题 2.6

1. (1) $dy=(12x+4)dx$；　(2) $dy=35(7e^{x}-3)^{4}e^{x}dx$；

   (3) $dy=-e^{-x}[\cos(5x-1)+5\sin(5x-1)]dx$；

   (4) $dy=\dfrac{2\cos x(1+\cos 2x)+4\sin x\sin 2x}{(1+\cos 2x)^{2}}dx$；

   (5) $dy=\left(\dfrac{4\ln x}{x}-\dfrac{3}{2\sqrt{10-x}}\right)dx$；

   (6) $dy=\dfrac{\sec x\tan x+\sec^{2}x}{\sec x+\tan x}dx$；

   (7) $dy=(3x^{2}4^{x}\cos x+x^{3}4^{x}\ln 4\cos x-x^{3}4^{x}\sin x)dx$；

   (8) $dy=-\dfrac{5e^{5x}}{1+e^{10x}}dx$。

2. $565.2cm^{3}$。

3. (1)1.0033；　(2)0.5076；　(3)0.02。

习题 3.1

1. (1)1；　(2)1；　(3)1；　(4)$\dfrac{1}{2}$；　(5)0；

   (6)$-\dfrac{1}{3}$；　(7)−1；　(8)1；　(9)1。

2. 由于$\lim\limits_{x\to\infty}(1-\sin x)$不存在，故不满足洛必达法则的条件。

3. (1) $\dfrac{1}{3}$；　(2) $\dfrac{1}{2}$；　(3)e^{-1}。

习题 3.2

1. (1) $(-\infty,3)$ 单调递减，$(3,+\infty)$ 单调递增。

   (2) $(-\infty,-2)\cup(0,2)$ 单调递减，$(-2,0)\cup(2,+\infty)$ 单调递增。

   (3) $\left(0,\dfrac{1}{2}\right)$ 单调递减，$\left(\dfrac{1}{2},+\infty\right)$ 单调递增。

   (4) $(-\sqrt{2},\sqrt{2})$ 单调递减，$(-\infty,-\sqrt{2})\cup(\sqrt{2},+\infty)$ 单调递增。

2. (1) 极大值 $f(0)=0$，极小值 $f(1)=-1$；

(2) 极大值 $f(-1)=17$,极小值 $f(3)=-47$;

(3) 极大值 $f\left(-\frac{1}{2}\right)=\frac{15}{4}$,极小值 $f(1)=-3$;

(4) 极大值 $f(2)=-3$,极小值 $f(-1)=-\frac{3}{2}$;

(5) 极小值 $f(1)=2-4\ln 2$;

(6) 极大值 $f(0)=0$,极小值 $f(2)=\frac{4}{e^2}$。

3. (1) 最大值 $f(-1)=3$,最小值 $f(-2)=-1$;

(2) 最大值 $f(1)=2$,最小值 $f(-1)=-10$;

(3) 最大值 $f(\pm 2)=13$,最小值 $f(\pm 1)=4$;

(4) 最大值 $f(1)=\frac{1}{2}$,最小值 $f(\frac{1}{2})=\frac{1}{6}$;

(5) 最大值 $f(3)=18-\ln 3$,最小值 $f\left(\frac{1}{2}\right)=\frac{1}{2}+\ln 2$。

4. 小正方形边长为 $\frac{a}{6}$ 时方盒子容量最大。

5. 底面半径和高之比为 1∶2 时用料最省。

习题 3.3

1. $C(900)=1775$,$\bar{C}(900)=1.97$,$C'(900)=1.5$。

2. $R'(50)=199$。

3. 平均成本 14 元,边际成本 4 元。边际成本低于 14 元,还可以继续提高产量。

4. $E(3)=-\frac{3}{4}$,$E(4)=-1$,$E(5)=-\frac{5}{4}$。

5. $Q=80$,$\bar{C}(80)=100$ 元/单位。

6. $Q=40$。

7. (1) $R(20)=120$,$R(30)=120$,$\bar{R}(20)=6$,$\bar{R}(30)=4$,$R'(20)=2$,$R'(30)=-2$;

(2) 25。

8. $Q=250$,$L(250)=425$。

9. $R(Q)=P(Q)Q=14Q-0.01Q^2$,

$L(Q)=R(Q)-C(Q)=-20+10Q-0.02Q^2$,$Q\in(0,+\infty)$。

$Q=250$(台)时利润最大,最大利润为 $L(250)=1230$(元)。

10. $Q=100+\frac{5-P}{0.2}\times 20=600-100P$，即 $P=\frac{600-Q}{100}$，

$Q=150, P=4.5, L(150)=225$。

习题 4.1

1. (1)是；　(2)否；　(3)否；　(4)否。

2. $y=\frac{3}{2}x^2-5$。

3. (1)175m；(2)20s。

4. (1) $\frac{2}{7}x^{\frac{7}{2}}-\frac{10}{3}x^{\frac{3}{2}}+C$；　(2) $e^x-3\sin x+C$；

(3) $\frac{1}{2}x^2-3x+3\ln|x|+\frac{1}{x}+C$；　(4) $\frac{2^x}{\ln 2}+3\arcsin x+C$；

(5) $\frac{90^t}{\ln 90}+C$；　(6) $x-4\ln|x|-\frac{4}{x}+C$；

(7) $\frac{1}{3}x^3-\arctan x+C$；　(8) $\tan x-\sec x+C$；

(9) $\sin x+\cos x+C$；　(10) $-\cot x-x+C$；

(11) $2\tan x+x+C$；　(12) $\frac{1}{2}(\tan x+x)+C$。

习题 4.2

1. (1) $\frac{1}{3}$；　(2) $-\frac{1}{2}$；　(3) $\frac{1}{6}$；　(4) $-\frac{1}{x}$；　(5) -1；　(6) $\sin x$。

2. (1) $-\frac{1}{6}\cos 6x+C$；　(2) $-e^{-x}+C$；

(3) $\frac{1}{3}\ln|3x-2|+C$；　(4) $-\frac{1}{3}(1-2x)^{\frac{3}{2}}+C$；

(5) $-\frac{1}{4}(1+2x)^{-2}+C$；　(6) $\sqrt{x^2+3}+C$；

(7) $-e^{\frac{1}{x}}+C$；　(8) $x-\ln(1+e^x)+C$ 或 $-\ln(1+e^{-x})+C$；

(9) $\frac{1}{3}\ln|2+3\ln x|+C$；　(10) $2\sqrt{\sin x}+C$；

(11) $\frac{1}{2}\sin(2e^x+1)+C$；　(12) $-e^{\cos x}+C$；

(13) $\frac{3}{8}x+\frac{1}{4}\sin 2x+\frac{1}{32}\sin 4x+C$；(14) $-\frac{\cos^3 x}{3}+\frac{\cos^5 x}{5}+C$；

(15) $\frac{1}{2}\sin x+\frac{1}{10}\sin 5x+C$；(16) $\ln|x^3-2x+1|+C$；

(17) $\frac{1}{3}\arcsin\frac{3}{2}x+C$；(18) $\frac{1}{10}\arctan\frac{5}{2}x+C$。

3. (1) $\sqrt{2x}-\ln\left|1+\sqrt{2x}\right|+C$；(2) $\frac{3}{2}\sqrt[3]{x^2}-3\sqrt[3]{x}+3\ln\left|1+\sqrt[3]{x}\right|+C$；

(3) $x-2\sqrt{1+x}+2\ln(1+\sqrt{1+x})+C$；(4) $6(\sqrt[6]{x}-\arctan\sqrt[6]{x})+C$；

(5) $\frac{1}{2}\arcsin x-\frac{1}{2}x\sqrt{1-x^2}+C$；(6) $\frac{1}{2}\ln\left|\frac{x}{\sqrt{x^2+4}+2}\right|+C$；

(7) $\frac{\sqrt{x^2-1}}{x}+C$；(8) $\ln\left|\frac{x}{1+\sqrt{1-x^2}}\right|+C$；

(9) $\sqrt{x^2-2}-\sqrt{2}\arccos\frac{\sqrt{2}}{x}+C$；(10) $\frac{1}{2a^3}\arctan\frac{x}{a}+\frac{x}{2a^2(a^2+x^2)}+C$。

习题 4.3

1. (1) $\frac{1}{4}\sin 2x-\frac{x\cos 2x}{2}+C$；(2) $-e^{-x}(x+1)+C$；

(3) $\frac{1}{2}(x+4)\sin 2x+\frac{1}{4}\cos 2x+C$；(4) $x\ln\frac{x}{3}-x+C$；

(5) $\frac{1}{4}(2x^2-1)\arcsin x+\frac{x}{4}\sqrt{1-x^2}+C$；(6) $x\,\mathrm{arccot}\,x+\frac{1}{2}\ln(1+x^2)+C$；

(7) $\frac{1}{13}e^{3x}(3\cos 2x+2\sin 2x)+C$；(8) $x\tan x+\ln|\cos x|+C$。

2. (1) $\frac{2}{9}(3\sqrt{x}-1)e^{3\sqrt{x}}+C$；(2) $x\ln\sqrt{x}-\frac{x}{2}+C$；

(3) $\frac{2}{3}x^{\frac{3}{2}}\ln x-\frac{4}{9}x^{\frac{3}{2}}+C$；(4) $\frac{1}{4}(2x+2\sqrt{x}\cdot\sin 2\sqrt{x}+\cos 2\sqrt{x})+C$。

习题 5.1

1. (1) 正；(2) 负。

2. (1) $\int_0^1 x^2\,dx<\int_0^1 x\,dx$；(2) $\int_1^2 2^{-x}\,dx>\int_1^2 3^{-x}\,dx$。

3. (1) $1 \leqslant \int_0^1 (1+x^2)\mathrm{d}x \leqslant 2$；　(2) $\frac{\pi}{2} \leqslant \int_0^{\frac{\pi}{2}} \mathrm{e}^{\sin x}\mathrm{d}x \leqslant \frac{\pi}{2}\mathrm{e}$。

习题 5.2

1. (1) $\frac{1}{5}$；　(2) $-\sqrt{2}$。

2. (1) 0；　(2) $-\frac{1}{2\mathrm{e}}$。

3. (1) $\frac{5}{6}+\frac{4\sqrt{2}}{3}$；　(2) 1　(3) $\frac{76}{15}$；

(4) $\frac{5}{2}$；　(5) $1-\frac{\sqrt{3}}{3}-\frac{\pi}{12}$；　(6) $\sqrt{2}-1$；

(7) $\frac{3}{2\ln 2}-\frac{10}{\ln 6}+\frac{4}{\ln 3}$；　(8) $-\frac{2}{3}+\frac{\pi}{4}$；　(9) 1；　(10) 2。

习题 5.3

1. (1) 1；　(2) $\frac{\pi}{6}-\frac{\sqrt{3}}{8}$；　(3) $\frac{5}{2}$；

(4) $\frac{1}{4}$；　(5) $\frac{15}{8}$；　(6) $2(\mathrm{e}^2-\mathrm{e})$；

(7) 1；　(8) $1-\frac{1}{\sqrt{\mathrm{e}}}$；　(9) $\frac{\pi^2}{36}$；

(10) $2\ln 3$；　(11) $4-2\arctan 2$；　(12) $\sqrt{3}-\frac{\pi}{3}$；

(13) $\frac{3}{2}+3\ln\frac{3}{2}$；　(14) $2+\ln\frac{3}{2}$。

2. (1) $1-2\mathrm{e}^{-1}$；　(2) $-\frac{2}{9}$；　(3) $\frac{1}{2}$；

(4) $\frac{\sqrt{3}}{12}\pi+\frac{1}{2}$；　(5) 2；　(6) $\frac{1}{4}(\mathrm{e}^2+1)$。

习题 5.4

1. $\frac{9}{2}$。　2. $\frac{26}{3}-\ln 3$。　3. $\frac{4}{3}$。　4. $4-3\ln 3$。

5. $\dfrac{96}{5}\pi$。　6. 8π。　7. $C(q)=20e^{0.1q}+50$。　8. $R(Q)=-\dfrac{8}{1+Q}+8$。

9. $C(Q)=\dfrac{2}{3}Q^3-\dfrac{5}{2}Q^2+200Q+205.5$。

10. $L(Q)=8Q-Q^2+88$，当 $Q=4$ 时，最大利润 $L(4)=104$。

参 考 文 献

[1] 同济大学数学系．高等数学(上、下册)[M].6 版．北京:高等教育出版社,2007.
[2] 钱椿林．高等数学(理工类)[M]. 北京:电子工业出版社,2012.
[3] 王霞．高等数学(经管类) [M]. 天津:天津大学出版社,2004.
[4] 卢春燕,魏运．经济数学基础[M]. 北京:北京交通大学出版社,2006.
[5] 陈卫忠,杨晓华．高等数学 [M]. 苏州:苏州大学出版社,2012.
[6] 梁弘,翟步祥．高等数学基础[M]. 北京:北京交通大学出版社,2009.
[7] 李先明．高等应用数学基础[M]. 北京:中国水利水电出版社,2009.